CARLO MELE

LA MENTE QUANTICA

L'AUTO-SVILUPPO DELLA MENTE
UNA FUTURA INTERAZIONE
CON L'ENERGIA QUANTICA
DELLA MATERIA

Lulu edizioni

Autopubblicazione a cura

del dott. Carlo Mele

ISBN 978 – 1 – 291 – 05406 - 4

Copyright © 2012 by Carlo Mele

per Lulu edizioni

Tutti i diritti riservati

Prima edizione. Settembre 2012

Capitolo 1

Siamo doppi

Questo messaggio è per te, uomo della strada, che ti affanni alla ricerca della felicità, cercandola nelle strade più sbagliate, rincorrendola nei vicoli più ciechi, trovandovi invece solo frustrazione, avversità, sfortuna, malvagità. Qual è il vero segreto della tua vita? Te lo sei mai chiesto? Cosa ci stai facendo qui, su questo pianeta, la comparsa o l'attore principale di una commedia?

Tutto ti piove addosso solo per caso, o tutto si muove solo in funzione di te, nel dipanarsi dei tuoi eventi quotidiani? Sei qui a subire una realtà o sei qui ad influenzarne se non a crearne una? Insomma, chi sei tu?

E allora voglio dirti che tu sei un osservatore, uno scienziato che si preoccupa di studiare e capire il fluire degli eventi dentro e fuori di sé, i meccanismi con i quali ogni cosa, ogni fenomeno avviene e si muove, le modalità con cui il tuo sé influenza la realtà. Potrà apparirti esagerato parlare di una vera ricerca scientifica, là ove ti capita, il più spesso, di viverti in modo spontaneo e magari poco attento, più concentrato magari sulle emozioni sprigionate dai fatti della tua vita, sulle ansie sprigionate dai vissuti, sulle tue ambizioni, i desideri, le speranze, che non sui significati più nascosti o sui meccanismi intimi, causali e profondi, in gioco negli eventi della tua realtà.

In pratica tu osservi il modo in cui il tuo essere si rapporta ai tuoi eventi, osservi le tue stesse reazioni, non solo ad un livello emozionale, ma anche mentale, corporeo, comportamentale tutto, relazionale e sociale. Tu studi i collegamenti esistenti tra ciò che si muove fuori di te e ciò che si muove dentro di te, l'interazione tra il sé interno e la tua realtà fenomenica e materiale quotidiana. E questo lo fai anche inconsapevolmente, poiché la tua attitudine più profonda è proprio quella di studiare tutte queste cose, ed alla fine di tirare delle somme, di stabilire quali siano le modalità più utili ed efficaci nella tua vita, quelle diremmo più vincenti.

E qualunque arte tu debba imparare o anche affinare, è sempre con la mente che lo fai, è sempre alla tua energia mentale che dovrai fare ricorso, e non esiste situazione della vita nella quale tu non abbia un impatto mentale, in cui tu non debba usare la mente per capire, riparare, risolvere, creare, trasformare, rigenerare. Ed alla fine ti accorgi che tutto è mentale. E tutto ciò che vivi, per quanto animato da impatto emozionale, ed alimentato da un pensiero razionale, alla fine non è né emozionale, né razionale.

Come uomo vivi l'emozione ed il ragionamento, il sentimento ed il calcolo. Ma la realtà non è né sentimento né calcolo: è logica pura degli eventi, una logica mentale e matematica, anche se di una matematica diversa.

Sei semplicemente in una grande logica mentale, una logica sfuggente alla tua ragione, una logica dove gli eventi non si muovono per caso, i tuoi eventi personali intendo qui, ma rispondono a delle regole precise, a delle leggi che li regolano e li richiamano. Ed alla fine scopri che essi si muovono sulla base di quello che tu esprimi dentro: per cui sei come in un film in cui il grande proiettore semplicemente riflette nella tua realtà esterna quella pellicola che è

impressa dentro di te. E' tutt'un processo mentale.
Cosa c'è impresso in quella tua "pellicola"? Che devi subire danno perché hai danneggiato altri? E' quella allora la ragione per cui la tua realtà ti ripropone continuamente danno. Starà a te allora ripulire la tua pellicola da quelle scene ed imprimercene delle nuove e positive: nella tua mente. C'è invece l'immagine di un vincente, che sa quello che vuole e lo ottiene? Per questo la realtà rende sempre giustizia alle tue intenzioni.
Tutta la tua fatica di uomo, del vivere le tue battaglie con te stesso, con la parte oscura, oppositiva ed avversa di te, tutta la sofferenza che ti deriva da tale lotta, ti portano faticosamente a costruire ciò che desideri nel tempo, ma a prezzo di dolore, ed a capire alla fine che tutto è mentale, che ogni tua costruzione materiale è sempre specchio della tua costruzione mentale, che è nella mente che devi sempre prima

progettare e costruire, per poter vedere concretizzate poi le tue creazioni fuori, nella solida realtà della materia. Ed andando ancora più in profondità nella tua ricerca, ti accorgi poi che la stessa materia è un'energia, e che quell'energia è esattamente proiezione di una mente, una mente cosmica che immane alla materia, impalpabile poichè nascosta dentro alla materia ed alle sue dinamiche e manifestazioni.

Quando arrivi a questa consapevolezza, capisci che è mentale ciò che è fuori di te, come mentale è ciò che è dentro di te, e che i due comparti non sono slegati, come può apparire in superficie, ad occhi aperti, ma che l'uno influenza l'altro, e che l'uno si nutre dell'altro. Non esiste più allora un dentro ed un fuori: la tua realtà sei tu stesso, nella globalità, il tuo pensiero e con esso la tua energia.

Ma la tua energia è qualcosa di troppo sottile perché tu la possa vedere con gli occhi del corpo, è una dimensione nella dimensione, e dovrai affinare le tue armi sottili allora per poterla curare, accrescere, sviluppare. La tua energia è vibrazione, e quando la vibrazione si innalza tende a portarsi verso la luce. Una energia-luce rappresenta il massimo per la tua intelligenza, la tua intuitività, la tua sensitività, la tua creatività, la tua potenza mentale tutta. Ma anche per la tua salute stessa, fisica e mentale.

Poiché il tuo campo di energia umano non è univoco, ma doppio, bipolare, alimentato da una componente positiva o costruttiva, e da una negativa o distruttiva. Non vi sarebbe scontro, sofferenza, dolore nella tua vita se tu non dovessi lottare contro una forza avversa più o meno palpabile, che ti sbarra la strada in tutto ciò che fai, anche nelle tue più buone intenzioni, una forza che mira solo a fermarti, ad impedirti, a negarti in lungo e in largo, anzi proprio a distruggerti. Puoi chiamarla "il male", se vuoi.

E' un'energia impalpabile, come lo è quella buona, ultrasensibile diciamo meglio. Ma c'è, e ne vedi gli effetti soprattutto sulla gente, sul loro comportamento, sulla loro distruttività, tutto ciò che puoi chiamare non-amore. E' una forza distruttiva, che oggi è diventata dilagante, e che imperversa soprattutto sulle menti umane, ove reca il suo maggiore danno: sul pensiero, sul sentimento, sulla ragione. E questa non è più filosofia, ma osservazione: questa è scienza. Qui siamo di fronte alla scienza della mente e della vita.

Capitolo 2

Siamo energia e coscienza

Una forza di disgregazione e di morte si contrappone dunque ad una forza di costruzione e di vita. Tutto ciò che è distruzione, violenza, odio, separazione, frattura e schizofrenia proviene solo da questa componente dei campi di forza che ci compenetrano, e che ci circondano nella realtà. Siamo immersi in un gioco di forze di cui subiamo gli effetti, e che si rivale non solo sugli eventi della nostra vita, pilotandoli, ma anche e soprattutto sulla nostra mente, influenzandone i contenuti di pensiero, le reazioni emozionali, le ideologie. Ed una forza che agisca sul pensiero diventa assai potente.

Sicchè tu uomo della strada, che pensi di essere libero, nel tuo diritto di pensare, di essere, di esprimerti e di manifestarti nella tua vita e nel sociale, in realtà non lo sei affatto, poiché sei condizionato da questi campi di forza invisibili, e spesso imprigionato in un dominio di forze che ti hanno costruito una gabbia attorno, senza che tu possa vederla. Ma della quale ne avverti tutto l'effetto limitante, non ultimo attraverso gli eventi che si reiterano negativi e che si manifestano nella tua vita.

Un'avversità costante pare essersi scatenata magari contro di te, e tutto sembra remarti quasi contro. Ma cosa è? Sfortuna? Fatalità? Assolutamente no. Non esiste mai la fatalità, in questo universo perfetto, esistono solo una causa ed un effetto. Esiste solo la causalità.

Vi sono dunque delle forze in gioco, un campo avverso che si è eretto contro di te, complici le tue stesse azioni, non sempre troppo positive verso gli altri, e magari neanche verso te stesso, o anche il tuo solo pensiero, non sempre troppo positivo, e privo d'amore. Tutto l'odio che ti porti dentro, tutta la rabbia ed il rancore verso questo o verso quello, o verso la vita, o anche verso te stesso, ti si sono ora ritorti contro, diventando una vera prigione di energia mentale, alta, quasi insormontabile. E tutto ti rema puntualmente contro, gira per il verso sbagliato. La realtà sembra essere proprio contro di te.

Quando invece sei tu contro di essa!

E' tutto inconscio. E non te ne avvedi. Tutto accade automaticamente, e non te ne avvedi. Il nostro pensiero è in grado di amplificare energia a livello sotterraneo, cerebrale inconscio, e di dare vita a cariche emozionali ed affettive non sempre a valenza costruttiva. Quando noi pensiamo male di altri, o vorremmo male ad altri, magari per reazione ad una ingiustizia, stiamo generando una forza a livello inconscio, e tale forza non è una forza positiva. Ora, quella forza si accumula nel nostro campo di energia mentale inconscio e si ritorce poi puntualmente contro di noi stessi.

E' così che noi ci costruiamo le nostre fortezze o le nostre prigioni da soli, il nostro regno mentale: in base a quello che amplifichiamo. Ed amplifichiamo ciò in cui crediamo.

Poi gli effetti di quelle energie distruttive si fanno avvertire sul nostro stato di salute, sul nostro pensiero, sugli eventi della nostra vita, e non sappiamo magari con chi prendercela. E vi sarà sempre magari puntualmente qualcuno da additare come causa di tutti i nostri guai! E' sempre così: quando non riusciamo a vedere che tutta questa negatività è nata fondamentalmente da noi, allora la colpa è sempre di qualcun altro.

C'è sempre un qualcuno da accusare, da condannare, da imputare. Ma chi è poi il vero imputato? Siamo solo noi. Poiché solo noi possiamo auto-erigerci i nostri muri di galera, come solo noi possiamo auto-costruirci un paradiso terrestre tutto nostro. Siamo doppi, dunque, ma non sempre utilizziamo al meglio tutto il nostro più positivo patrimonio e potenziale di energia mentale. Noi subiamo il nostro negativismo, ad un livello di funzionamento automatico ed inconscio, un funzionamento troppo spesso non positivo. Amplifichiamo troppa negatività, cariche emozionali e nervose di natura negativa (rabbia, rancore, odio, ecc), e dove vuoi che sbocchino poi tutte queste cariche di energia distruttiva? O in un moto di pensiero e di comportamento distruttivo, spesso aperto e dichiarato (aggressività, ribellione, ecc) oppure, più silenziosamente, in uno scarico ad un livello inconscio nel corpo, in particolare su di un organo-bersaglio, o su di un sistema-bersaglio, generando malattia. Più frequentemente poi si scaricano sulla nostra mente razionale, influenzando quantomeno i nostri stati d'animo, che si fanno torbidi, oscuri, pessimistici, in una parola sola tenebrosi.

Tanto può la nostra energia, nell'influenzare seriamente il nostro pensiero, e non sempre in senso positivo.

Ora, tu considera che il tuo corpo è energia, che la tua mente è energia, e che la tua anima è energia, ovviamente a livelli di organizzazione vibratoria differenti. L'energia del corpo è una energia molto organizzata, poiché dal puro stato fotonico si organizza in particelle ed atomi, quindi in molecole e poi ancora in tutta una struttura biomolecolare, che dà vita ai vari organuli cellulari, e poi alle cellule, e poi ancora ai tessuti e via discorrendo, fino a giungere agli organi, così come li puoi vedere ad occhio nudo. Mentre l'anima è un'energia già decisamente più sottile e meno organizzata,

costituita da pochi "foglietti", fatti di pura vibrazione eterica e psichica.
La stessa psiche, d'altronde, non è solo quella parte inconscia del cervello che pesca peraltro nella ereditarietà, ma è anche un foglietto dell'anima, quello che in molti chiamano anche "corpo astrale". Qualcosa che non ha più a che fare col corpo fisico, ma che pure ne ricalca la fattezza, in qualche modo. La mente pura invece è una energia ancora più sottile, che a giusta ragione potremmo meglio definire ultrasottile, praticamente indimostrabile ad alcuno strumento fisico terrestre. Questa vibrazione ultrasottile che possiamo anche definire super-conscia, ha anch'essa i suoi gradi e livelli di profondità e di sviluppo, che non sono uguali in tutti noi. Il suo livello più profondo coincide con quello che possiamo tradizionalmente chiamare "spirito", la nostra essenza più nascosta e sottile, più indimostrabile, più potente e indistruttibile, immortale, divina.

Puoi perfettamente capire allora d'essere fatto di diversi piani di energia, differenziata, strutturata in forme differenti, e finalizzata a funzioni differenti. Poiché l'energia corporea non vibra agli stessi livelli di frequenza di quella dell'anima, la quale a sua volta non vibra ai livelli di frequenza della mente superiore o spirituale vera e propria. E' come se tu fossi strutturato in tanti comparti di energia di differente organizzazione e vibrazione, di differente compito e funzionamento, e quant'altro.

E potrebbe apparirti paradossale sapere che anche il corpo alla fine è una energia mentale, poiché non esiste una energia che non sia una proiezione di una mente. Poiché come una pietra è proiezione di una mente cosmica, che si è lì materializzata, così anche il tuo corpo è proiezione di una mente cosmica, che ha preso quella forma e funzione. Ed ogni cellula è manifestazione di una mente (DNA), nella quale è inscritto

tutto quello che essa deve essere, deve fare, deve esprimere, ecc.
Dunque tu sei energia a livelli diversi, la realtà che ti circonda è energia a livelli diversi, tutto è energia, a livelli diversi. La tua mente è energia. E l'energia è una proiezione mentale. E l'autocoscienza è proprietà di tale proiezione.
Non esiste proiezione materiale che non sia coscienza. In ogni oggetto v'è insito il ricordo di cosa esso sia, di dove provenga, di chi l'ha generato o trasformato, o utilizzato, e di tutta la sua storia. Ogni oggetto fisico ha una sua coscienza. Figurarsi un essere animato!
Non esiste nulla di inanimato nell'universo. Anche le pietre hanno un'anima. Semplicemente non si muovono e vivono in uno stato inerte. Non respirano, non mangiano. Ma sono una coscienza. Coscienza solidificata. Come coscienza è un albero o un fiore. O una formica.

Capitolo 3

L'unità di tutte le cose

Tu sei dunque energia nell'energia, spirito, mente, anima e corpo immersi nella grande energia cosmica, divenuta materia del mondo che ti circonda. Quello che tu stai cercando di fare nella tua vita è di raggiungere questa consapevolezza, di percepire questo continuum, questo collegamento tra il tuo Sé energia ed il Sé materiale che ti circonda, il divenire degli eventi stessi della tua vita che riflettono esattamente i tuoi eventi interiori. Nulla si muove mai a caso. Vi sono leggi precise che governano il movimento degli eventi e tu stai cercando di scoprirle, di farle tue per potertene poi servire a tuo stesso vantaggio. La tua vita è una ricerca, ed una scuola, dunque.

A livello psichico (mente inferiore) sei doppio, bipolare (positivo-negativo), mentre a livello mentale superiore (mente spirituale) sei unipolare. Non v'è dualismo nello spirito, ma v'è dualismo nella materia e nel tuo psichismo, o soggettività. La tua soggettività (sensi del corpo, emozioni, ragionamento) è nettamente influenzata dal mondo materiale circostante, ed è in balia di esso. Lo stesso pensiero psichico è facilmente influenzato dagli stati d'animo, e questi a loro volta dalle energie di campo predominanti di volta in volta sul tuo scenario personale.

Ciò che è soggettivo in te, dunque, non ha i crismi della oggettività, di un qualcosa che sia insindacabile, dimostrabile, scientifico, universale. Quest'ultima caratteristica è propria invece della mente superiore o spirituale (o super-cosciente), una mente in cui non parla più il ragionamento, in cui non si esprime più una logica di calcolo, di fatta tutta umana, una mente che funziona unicamente su base intuitiva o ispirativa, ideativa o percettiva. Sono meccanismi puri questi, non di calcolo, non più fondati sul pensiero speculativo.

Nell'intuizione un flash di energia-luce irrompe nella mente e produce la comprensione immediata ed istantanea di una data verità. Nella ispirazione è la guida spirituale a fornire il canovaccio per una certa trama, artistica, scientifica o di altra natura, come in una sorta di dettato medianico. L'ideazione è poi un flusso di idee creative ed innovative, in qualche modo utili a te o ad altri, e che possono portare successivamente all'invenzione, come anche ad una ulteriore ispirazione.

Si tratta sempre comunque di un forte movimento di energia mentale superiore, che prende una tale strada di manifestazione. Nell'invenzione c'è proprio la nascita di un nuovo progetto, quanto meno a livello di idea embrionale, poi da collaudare e verificare, sviluppare nella pratica empirica. La percezione invece è un processo della tua coscienza, ossia di quella sezione della tua energia che funge da organo di captazione della realtà, una ulteriore funzione della mente stessa.

La tua energia ha capacità di leggere, di guardare nella realtà, ad un livello sottile, come i tuoi occhi fisici possono guardarvi ad un livello grossolano. La tua energia può entrare in qualunque dimensione, sia presente, che passata, che futura. Tutto sta al grado di affinamento che tu raggiungi di essa.

L'energia è vibrazione, e quanto più la tua vibrazione si fa ultrasottile, tanto più essa può arrivare a perscrutare mondi anche lontani, dimensioni ultrasottili che solo con l'ultrasottile è possibile vedere. Questa è la funzione dell'occhio interiore o mentale, o "terzo occhio". E' una funzione di coscienza, ovvero di percezione. Parlare di sensitività o di percezione extrasensoriale è parlare della stessa cosa.

Ma tu, con la tua energia, come puoi arrivare a guardare nell'universo, a qualunque livello, così puoi anche arrivare ad interagire con le varie componenti di esso, comunicare con altri enti come te, agire sulla materia inerte, finanche trasformarla, o anche crearne di nuova, creare nuovi oggetti, nuovi eventi. Parliamo tanto di oggetti mentali quanto di oggetti fisici. Tutto sta al grado di energia di cui tu disponi, al grado di sviluppo mentale al quale sei giunto.

La tua ricerca è volta, in verità, all'acquisizione di tutto questo potenziale. E' un possibilità che è in te, che nessuno magari ti ha saputo indicare fino a oggi, né ti ha aiutato a tirare fuori. Poiché viviamo in una società che quando parla della mente parla solo del cervello, che non conosce molto se non affatto cosa sia la mente superiore, le sue proprietà, e che non può certo insegnarti ad auto-svilupparti, poiché essa per prima non lo sa. Poichè questa è la società del non-sapere, ma anche della presunzione. Per non dire poi della manipolazione e dell'interesse.

Qui si preferisce continuare ad imporre cose (anche a livello ideologico) che non stanno né in cielo né in terra, pur di mantenere un potere politico, religioso, militare, commerciale. Mentre il mondo va allo sfascio, proprio per causa di questi comportamenti egoistici ed antisociali, antispirituali, ed alla fine devastanti anche sul piano ecologico. Poiché l'uomo, per causa dei suoi interessi privati, ha violentato anche la natura. E la natura ora gli presenta il conto.

Perché tutti questi sconvolgimenti tellurici, atmosferici, ecologici, geofisici? Perché l'uomo ha fatto della natura il proprio immondezzaio. Ha badato solo a fare soldi, al profitto personale. Mentre larghe fasce della popolazione mondiale soffrono la fame, la povertà.

Quando osservi ciò che ti mostrano in tv, non gli credere. Ti fanno vedere spesso, troppo spesso quello che fa comodo a loro. Ti vendono quello che vogliono. Questo è il mondo dell'immagine, della vendita, e dei falsi. Non gli credere. La Verità la devi cercare tu, da solo, dentro di te. E la Verità è l'insieme dei meccanismi scientifici che muovono la realtà e la tua stessa vita.

La Verità è un insieme di principi, di cui tu ti devi impadronire, per avvantaggiartene. Ed il vantaggio del sapere è il potere, e con il potere la capacità di essere sempre vincente e positivo, magari anche in favore degli altri, non solo per te stesso.

Il potere non è quello dell'immagine, quello politico o religioso, commerciale, militare o mafioso. Quello non è un potere, è solo una illusione umana di percorso, che lascia sempre il tempo che trova. Il potere vero è

una autorità invece, che ti deriva dal cielo, dalle sfere cosmiche e divine, e che quanto più è ampia, tanto più può governare sulla realtà, a livelli sempre più ampi di dominio. Il potere vero è dominio sulla realtà.
Ma bada, quando ti parlo di dominio non ti parlo di una dittatura sul tuo prossimo. Mai! Ma di un comando sulla realtà inerte, sulla tua realtà inerte, ed anche quando tu dovessi assumere il governo di una realtà animata, non lo faresti mai in danno degli altri, ma solo a loro vantaggio. E' un po' come quando un capo popolo assume il comando in favore del suo popolo. Come fece Mosè, ad esempio, col suo popolo ebraico. Ne fu il liberatore. Quello era un dominio di realtà. Il suo dominio era divino, e pertanto superiore a quello umano, pur di un faraone. Che dovette inchinarvisi. Comprendi?
Questo è il potere. Un'autorità che proviene dalle sfere superiori, che proviene da Dio, non dall'uomo. L'uomo in sé non ha potere.

L'uomo è solo un illuso, è solo una marionetta nel teatro della vita. E' la vita che guida lui, anche quando egli pensa il contrario.

Se ti fanno Presidente della Repubblica, è perché te lo sei comunque guadagnato; eppure quella carica non ti durerà in eterno. E non avrai mai capacità decisionali vere su di un popolo. Qualunque cosa tu possa arrivare a comandare, sarà sempre in funzione della storia e del suo divenire, di un progetto che va sempre oltre te, un progetto cosmico in qualche modo prestampato. Poiché anche il pianeta tutto deve imparare, e deve progredire, come deve farlo ogni singolo individuo. Qui è una scuola per tutti.

Ma ricordati che ti sarà dato di acquistare dominio sulla tua realtà nella stessa misura in cui tu acquisirai prima merito. Ed il merito sta nel comportamento retto e produttivo, innanzitutto di studio, di ricerca e di autosviluppo mentale, che dovrai saper portare avanti nel tempo con volontà e perseveranza, ma poi anche e nondimeno nel modo in cui ti rapporterai a tutto ciò che ti circonda, a partire dalle più piccole cose (creature inanimate), a giungere a quelle più grandi (i tuoi simili). Quello stesso rispetto ed amore che tu porterai loro, ti verrà restituito nella stessa misura. E questa è legge karmica, o di causa-effetto, alla quale nessuno può sottrarsi.

Noi non possiamo esimerci dal vivere l'altro come qualcosa di analogo a noi stessi, come una sorta di alter ego. Non riuscire a scorgere in ogni cosa che ci circonda, anche se brutta, ogni cosa nella quale siamo immersi ambientalmente una parte di noi stessi, di quella stessa unica e grande coscienza cosmica della quale siamo parte integrante, significa non aver ancora maturato questa profonda e totale unità delle cose, esistente in natura. Ed in quella stessa misura nella quale tu non concepisci ancora tale unità di coscienza, ne vivi tutta la frammentazione, la separazione e sei vittima della grande illusione, che viene solo dalla forza distruttiva. La quale aspira per l'appunto all'isolamento, alla frammentazione, alla separazione, alla schizofrenia, allo scontro, alla competizione, alla violenza, alla guerra, alla sopraffazione ed alla morte.

La forza distruttiva vuole impedirti di vedere questi lati positivi, e tu, per conquistarli, devi lottare dentro di te contro di essa, che agisce nel tuo inconscio, e fa leva sul tuo pensiero, sui tuoi sentimenti, sul tuo ragionamento, i quali le si asservono. Si asservono ad un progetto distruttivo, per l'appunto. Per vincere questa influenza negativa e conquistare tutta la tua positività, devi lottare non ultimo con la mente stessa, attivando un meccanismo di concentrazione e di Auto-sviluppo, meglio ancora se di gruppo, che ti aiuti a sviluppare energia positiva e possibilmente energia-luce.

Capitolo 4

La conquista delle dimensioni

La mente la devi coltivare, curare, come fosse una pianta, o un giardino. Occorre un metodo, e questo metodo noi lo chiamiamo AUTOSVILUPPO MENTALE, scientificamente, per distinguerlo da tutte quelle forme di "meditazione" che suonano troppo di filosofia, se non di religione. Mentre i nostri meccanismi di base sono alla fine solo pura scienza. Imparare a sviluppare bene il proprio potenziale mentale di energia, equivale a garantirsi la propria felicità, per quanto di felicità noi qui in Terra si possa parlare. Quantomeno la propria serenità, ed un equilibrio vincente d'energia e di coscienza.

Controllare la mente è importante, e difenderla dagli attacchi della negatività. Ma è importante non meno svilupparla, quanto più possibile. Questo assicura evoluzione.

Ma, come ti dicevo, il merito sta molto poi nel nostro atteggiamento verso il mondo che ci circonda. Quanto più concepirai la solidarietà, anche con l'ultimo fratello o essere della Terra, e quanto più concederai amore, tanto più velocemente tu evolverai, acquisendo appunto merito. Il merito lo si acquisisce con la buona azione, non con l'azione distruttiva verso gli altri, o verso l'ambiente che ci circonda.

Non danneggiare mai niente e nessuno dunque, se non vorrai essere danneggiato tu. Poiché la Legge prima o poi opera il suo ritorno.

Se vuoi essere vincente nella vita, a tutti i livelli, pensa prima a dare, più che a ricevere. Poiché tutto ciò che darai ti

ritornerà prima o poi, intanto in termini di merito, poi di potere, ed in ultimo anche di avere.
Ed il potere vero è una autorità che ti conferisce il cielo, le sfere celesti e divine, non è quello che ti conferiscono gli uomini, che lascia sempre il tempo che trova. Quando tu acquisisci potere, nel tuo piccolo sei un re. E nessuno potrà toglierti quel potere, nessun uomo. Quello è il tuo nuovo dominio, il tuo nuovo regno di realtà. Tu acquisti cioè dominio su un determinato range di realtà. Ed in quel dominio tu sei libero.
E quella è la libertà vera, di pensiero, di azione, di movimento, non quella della quale parlano gli uomini, i quali nella loro illusione si credono liberi, e invece sono imprigionati nelle loro prigioni di energia e di coscienza, nelle loro stesse azioni negative di ritorno. Gli uomini le loro prigioni se le costruiscono da soli. Sono prigioni invisibili ovviamente, di energia

sottile, e che non si possono vedere, ma che manifestano i loro effetti più che visibili nella realtà materiale che essi vivono, ove sono schiavi puntualmente di un qualcosa o di qualcuno, lamentandosene, imprecando o reagendovi ancora peggio con altre cattive azioni, che non hanno il pregio di liberarli, ma di aggiungere solo altro danno, aggravando la loro condizione di prigionia.

Non esiste uno che vinca la battaglia della vita e della libertà danneggiando gli altri. Anche i più grandi condottieri, i più grandi conquistatori della terra, nella storia, hanno dovuto inchinarsi prima o poi all'inevitabile. Alla Legge. Non si conquista nulla, con la forza, che duri nel tempo. Mai! Tutti gli imperi così costruiti prima o poi crollano.

L'uomo non conquisterà mai le sue battaglie di potere facendo schiavi gli altri, assoggettando terre e popoli. Ognuno ha diritto di essere libero e nessun uomo può accampare il diritto di schiavizzare l'altro uomo, o di dominare altri.

Il dominio di cui noi parliamo è dunque un dominio di realtà ad un livello impersonale, è un range di comando che non intacca l'altrui libertà. Anche quando si incarica di governare un popolo o un pianeta. E' un regno di potere spirituale, non materiale, che quando si mette al servizio degli uomini lo fa solo per il loro bene, mai per il male.

Tale è stato il caso di Gesù Cristo, ad esempio, il quale ha utilizzato il suo dominio di realtà per sfamare magari contemporaneamente cinquemila persone, che non avevano cibo, o roba del genere. Tale è il caso di un Mosè, che ha utilizzato il suo dominio di realtà per fare aprire le acque del mar Rosso, e trarre in salvo il suo popolo. Parliamo di un dominio positivo dunque, non di dittatura.

Che vincente è mai colui che sia costretto fino agli ultimi suoi giorni a fuggire, a nascondersi, per sfuggire alla cattura, braccato dalle forze dell'ordine come un animale selvaggio, per aver vissuto una vita da capo banda di una cosca mafiosa o comunque criminale? Sarebbe questa la degna fine di un vincente?

Un vincente è uno che può camminare a testa alta, alla luce del sole, degno e fiero del suo comportamento sociale, improntato all'aiuto, ed al cui passaggio anche le pietre obbediscono, e si alzano da terra, e lo seguono. Non chi striscia e si nasconde per non essere beccato. Si vince nel bene, mai nel male, ricordatelo!

E Dio i poteri più immensi li conferisce a gente di questa levatura, non a quella. Il merito, dunque.

E il merito sta innanzitutto nel retto comportamento, nel rispetto, e poi nell'azione d'amore, in tutto ciò che può essere opera di bene, di solidarietà, di supporto e di sostegno al prossimo, alla comunità nella quale si vive. Poi v'è l'Auto-Sviluppo Mentale.

Poiché è chiaro che se la chiave del nostro potere e della nostra libertà, e quindi a ruota della nostra felicità sta nell'energia mentale, che illumina la coscienza e che promuove tutte queste cose, tu devi prioritariamente preoccuparti di dare sviluppo a tale energia, accingerti tecnicamente a svilupparla, attraverso una pratica costante nel tempo. Ed è un impegno serio che tu devi prendere con te stesso questo, di caratura non minore a quello che prendi in altre cose, come può essere lo studio o il lavoro, nella tua vita. Poiché se è vero che se non lavori non mangi, allo stesso modo è vero che se non ti auto-sviluppi non cresci, non progredisci, non evolvi. La tua evoluzione difatti passa proprio per questa straordinaria e seria espansione del tuo campo di energia mentale.

Quando l'energia si accresce, con essa la mente aumenta tutto il suo potere percettivo (sensitivo), creativo e trasformativo. La mente ha il potere di percepire come di creare, come anche di trasformare realtà. Ma tutto questo alla fine è sempre una operazione di energia. E di quanta più energia tu disponi, tanto maggiore sarà allora la tua potenzialità mentale, a tutti i livelli di manifestazione.

Qualunque operazione tu compia con la mente, richiede energia. Pertanto una maggiore potenza mentale si collega ad un più forte campo di energia. Quando tu arrivi a coltivare questo tuo campo mentale di parecchio, esso incrementa la sua intensità e ti permette di fare cose che prima non potevi, o di fare meglio quelle cose che prima già facevi. L'insorgenza poi di un nuovo potere della mente, è sempre figlio di un serio incremento di tale campo di energia mentale, oltre che, come già detto, del merito accumulato camminando nella vita. Ed i possibili poteri della mente sono tanti, e rappresentano delle funzioni, delle operazioni selettive, più o meno spontanee, o anche maneggiate coscientemente dal soggetto, e mirate all'ottenimento di un certo effetto, di un certo beneficio.

Con la mente puoi fare di tutto, poiché tutta la realtà è mentale, e se tu consideri che non esiste in verità scissione tra realtà materiale esterna e realtà mentale interna, tra energia mentale ed energia materiale, tra mondo interno e mondo esterno, se non nella sola illusione dei sensi e della materialità apparente, allora tu puoi capire quale grado di interazione totale tu possa avere con le più svariate dimensioni dell'universo, tra le quali non esiste una separazione vera, ma una continuità sottile, vibratoria. Con la sola differenza che il salto da una dimensione ad un'altra è legata unicamente alla differente frequenza vibratoria di quel dato piano di esistenza, o dimensione, tra l'una e l'altra.

Per percepire le onde elettromagnetiche, ad esempio, tu hai bisogno di strumenti fisici idonei, poiché i sensi non vi riuscirebbero. Allo stesso modo per percepire l'ultrasottile tu hai bisogno di quello strumento sensore ultrasottile della tua coscienza mentale, e questo quando la tua energia si sia elevata fino a piani vibratori di frequenza elevatissima, una frequenza che nessuno strumento fisico, al presente, potrebbe più rilevare.

L'ultrasottile lo cogli solo con la mente ultrasottile, e non con degli strumenti fisici. Ecco perché v'è un punto oltre il quale la ricerca mentale pura riesce ad arrivare, mentre quella fisica no, un punto a partire dal quale il ricercatore interiore trova frequenze vibratorie e con esse dimensioni e meccanismi di realtà (leggi) che non è più possibile cogliere con altri livelli di ricerca, che siano cioè più grossolani, fisici. Né tanto meno con il calcolo. Poichè la stessa matematica, a questi livelli dimensionali, distorce ogni suo principio, consono solo alla terza dimensione.

Ti cambia tutto un mondo insomma, venendoti tu a trovare di fronte a leggi totalmente differenti. Il concetto di relatività può renderne una idea. Ma è ancora insufficiente. Poiché le dinamiche dell'universo diventano alla fine, andando più in profondità, praticamente irrazionali.

Se parti nella tua ricerca dal calcolo, pertanto, vi sarà un punto oltre il quale non riuscirai più ad andare, ove ti incarterai su te stesso: i conti non ti torneranno più. Ti ritroverai come in un labirinto senza via di uscita. Poiché quello è il limite della ragione.

Ci troviamo dunque di fronte a principi di funzionamento differenti. Nella terza dimensione la realtà funziona in un certo modo, in quarta dimensione in un altro, in quinta in un altro ancora, e via discorrendo. Come fai tu a catalogare queste cose?

Ora, se tu consideri che per aprirti ad una dimensione superiore devi necessariamente fare opera di abbandono di ogni schema della dimensione inferiore di provenienza, per accoglierne i principi di funzionamento, non ti pare una contraddizione volersi affidare al calcolo per avere accesso a quella data dimensione superiore? Quando occorre invece solo un atto di natura opposta: l'abbandono a quel superiore principio. A quel punto, che ti piaccia o no, ti trovi di fronte ad un vero atto di fede: se tu ci credi, ovvero già percepisci che quella dimensione esiste, ti apri ad essa ed essa prima o poi si manifesta a te. Allora la esplori e la conosci, vi diventi di casa. Ma dopo: non prima.

Ecco perché nello scontro tra il razionale e la fede vince sempre la fede, poiché solo quel lato di superiore abbandono e di fiducia può aprirti un varco alla dimensione superiore, mai il calcolo a priori. Cosa vorresti calcolare a priori? Attribuire a ciò che è oltre i tuoi attuali schemi? Dare a ciò che viene dopo connotati di ciò che viene prima?

La scoperta scientifica, a questi livelli, è solo un atto di abbandono. Ecco allora come si trapassa dalla scienza alla fede, e poi alla mistica. Ma, in realtà, la scienza non viene mai meno. Paradossalmente.

E' la modalità di ricerca che noi definiamo differente, ma solo per una nostra ottica umana, che si sposa alla forma. Allora chiamiamo "mistica" ciò che è poi un abbondono fiducioso al divino, che per noi coincide con la dimensione immediatamente superiore a quella da noi perlustrata fino a quel momento. E, per un materialista, uomo di terza dimensione, sarà la quarta la sua nuova dimensione di scoperta. Mentre per uno spiritualista, uomo di quarta dimensione, sarà la quinta la successiva dimensione di scoperta. E' pacifico.

Ma siamo sempre di fronte ad un atto di abbandono, dove la nostra logica si deve fermare, ed inchinarsi ai puri ed ignoti meccanismi di quell'altra superiore e diversa dimensione, nella quale stiamo cercando di immergerci. La fede alla fine vince la scienza. Ma anch'essa, paradossalmente, è scienza.

E non ti suoni questo di contraddizione. Poiché è contraddizione solo apparente, per la logica di terza dimensione. Che lascia sempre il tempo che trova. E voglio dirti di più. Quando siamo in terza dimensione, funzioniamo come un bambino di dieci anni. Tutto il suo livello di pensiero e di comportamento può essere confrontato con quello di un ragazzo di dodici anni? Qual è la differenza? Allo stesso modo, possiamo paragonare il mondo di un ragazzo di sedici anni a quello di uno di dodici? Sono differenti tutte le esigenze, le possibilità, le coordinate di vita. E poi, ancora, se saliamo ai vent'anni? Cambierà ancora tutto. Tutto si muove sotto tutt'altre prospettive, possibilità, interessi, eccetera. E poi a quaranta?

Comprendi? Ora, il bambino di dieci anni, paragonabile all'uomo di terza dimensione, potrà mai capire quello di dodici, che è paragonabile a quello di quarta? E questo potrà mai capire il ragazzo di sedici, paragonabile a quello di quinta dimensione? E via discorrendo. Devi entrarci in quel mondo insomma, per capirlo, non puoi prevederlo prima, né calcolarlo, se non vi hai raggiunto la relativa "età" con tutto te stesso, non sulla carta.

Capitolo 5

Il potere del cerchio

Le dimensioni le si perlustra "sulla pelle", non "sulla carta", le si conosce attraverso l'esperienza diretta, all'interno di essa, non attraverso un calcolo fatto a priori. Questo il limite della scienza delle formule matematiche. Non coglie nemmeno la quarta dimensione!
Tu potrai capire allora come l'abbandono alle sfere di luce, alle dimensioni superiori del Sé, rappresenti la via più efficace e scientifica, che fa scienza più di tutte le altre scienze. La via diretta. Quella che in pratica hanno sempre percorso tutti i mistici, pur

predicando verbi religiosi spesso differenti e peculiari. Ma occorre dire che il mezzo (dottrina religiosa o filosofica) non va confuso col fine (Verità o Conoscenza). Mentre spesso l'uomo ha confuso una religione per la Verità.

Una religione non sempre è la Verità, anzi si può dire che le religioni, nate quasi tutte molto tempo fa, si portano dietro voragini talvolta insospettate, tutti i limiti culturali di un'epoca, e che oggi, per quanto bene possano aver prodotto in una qualche direzione all'umanità, non foss'altro che nel tentare di smuovere le coscienze ed orientarle verso la luce divina, abbiano fatto forse il loro tempo, mostrandosi piuttosto obsolete, ed insufficienti a dare una riposta seria alle più moderne domande dell'uomo. Le loro concettualità sono spesso arcaiche, per non dire poi di quando esse siano state addirittura manipolate, e rese funzionali a scopi di potere politico e religioso.

Qui siamo davanti a meccanismi strumentali di fatta tutta umana, che hanno portato spesso i successori di un messia, o di un capopopolo, a tradurre ed interpretare le sue gesta o il suo pensiero in modi affatto coerenti con il pensiero originale del maestro, deformandolo e creando non pochi grattacapi a chi nel tempo avrebbe poi seguito quelle dottrine. Quando noi oggi parliamo di scienza, intendiamo invece parlare di puro meccanismo, di come un dato mondo funziona in sé, senza aggiunte, aberrazioni, distorsioni, interpretazioni di parte, specie poi se demagogiche, mirate ad un qualche profitto.

Verità è quel complesso dei meccanismi che spiegano il funzionamento dei più svariati ambiti della realtà, tanti meccanismi o principi, poichè la realtà è fatta di tanti ambiti o aspetti. Parlare di Verità o di Conoscenza è parlare della stessa cosa.

Quando tu sperimenti sulla tua pelle una verità, ne hai l'esatta cognizione, la relativa conoscenza. Non esiste una conoscenza che non si fondi sulla esperienza personale diretta, dimostrata e dimostrabile, di un dato meccanismo di realtà. E posso dirti che non esiste nulla nell'universo di indimostrabile, nulla che venga negato all'uomo di raggiungere e di capire. Chi ha creato l'universo non ha messo i suoi figli, o esseri delle varie dimensioni e galassie, nelle condizioni poi di non poter capire tutto il creato, i suoi segreti, i suoi processi. Quale padre terreno darebbe vita ad una sua creatura di realtà (dimensione o estensione di terra), per darla in dono ad un suo figlio, perché poi questo figlio non ne possa perlustrare a fondo tutti i segreti, e godere alla fine delle relative proprietà?

Che senso ha donare qualcosa, perché poi non se ne possa fare uso, perché non la si possa padroneggiare? Non agirebbe così un padre umano, figurarsi il Padre dei padri!

E poiché è un atto d'amore quello che ha generato l'universo, tutte le cose create sono state messe a diposizione delle creature stesse, figlie di tale creatore, perché ne godano, ne beneficino, e possano perlustrarle e capirle, farle proprie, padroneggiarle, in questa sorta di spettacolare corsa alla Conoscenza, alla esplorazione ed alla Verità, che rappresenta un po' il sale della vita stessa.

Tu puoi abitare, ad ogni tua nuova esperienza di vita (o incarnazione), in una diversa dimensione, e devi perlustrarne le leggi, impararne i meccanismi. E tutto questo è solo avvincente. Tutto questo ti è stato dato in dono, e non c'è davvero mai da annoiarsi! Vi sarà sempre qualcos'altro di più affascinante ed avvincente da scoprire, da conquistare, da imparare, da raggiungere, da sapere, da padroneggiare. Una rincorsa alla scoperta praticamente senza fine.

Questo il Grande Architetto e Creatore di tutte le cose ha fatto per noi, sue creature. Questo il suo immenso e non spesso riconosciuto dono che Egli ci ha fatto. Non esiste nulla di indimostrabile dunque nell'universo, proprio per questo principio di amore e di condivisione che caratterizza il suo Creatore.

Dio non è un uomo, egoista, invidioso, geloso ed avaro. Dio è donazione pura. Ma noi riusciamo a capire questo?

Noi reagiamo da uomini, e per via di tale nostra limitazione di coscienza, proiettiamo in Dio creatore tutti i nostri limiti visuali e concettuali, quasi che Egli ragioni come noi. Ma ti pare possibile?

Perché dire allora che vi sono cose che l'uomo non potrà mai capire? Che vi sono segreti impenetrabili o misteri irraggiungibili? Nulla è irraggiungibile. Per noi si tratta solo di camminare nella ricerca e di avanzarci verso un grado ogni volta possibilmente più alto. Tutto qui.

Ma la corsa è sempre aperta, e non ha confini. Ove tutto è sempre possibile. Altrimenti non ci sarebbe sfida!

Un po' come quando parliamo della vita e della morte. Che senso avrebbe questo nostro vivere in Terra, questo dimorare in una dimensione spesso buia, se poi non avessimo la possibilità di superare tale oscurità e di approdare ad una luce diversa, intanto interiore, e poi capace di proiettarsi vittoriosamente sulla nostra stessa vita? Se non avessimo possibilità di vincere? Che sfida sarebbe quella di uno che già alla partenza sia immobilizzato, e confinato in un annunciata sconfitta?

E' chiaro che Dio padre ci ha già dotati a monte di tutta la possibilità di conseguire il sapere e la vittoria. E la vittoria per noi è la vittoria della vita sulla morte. Una vittoria della energia, ancorchè della coscienza.

Come vedi tutto questo è scienza, non filosofia. Già, perchè quando tu innalzi la tua energia mentale di livello, quando tu ascendi di grado di vibrazione della mente superiore (o spirituale) a livelli di luce, tu sei in grado di dominare la materia in lungo e in largo. Tu puoi comandare ai venti ed alle acque, anche al tempo se vorrai. Cosa non può fare la mente superiore o spirituale?

Può fare tutto, nella misura in cui tu ne incarni la superiore vibrazione, ed ancor prima la superiore dignità, ogni possibilità con tutto te stesso, non solo sui libri o per sentito dire. Conquistare Conoscenza è sperimentare, non è solo discutere razionalmente con qualcuno, e vedere chi potrebbe avere più ragione. E' conquistare un potere: il potere di fare della tua realtà quello che ti pare, di trasformare anche il peggior lager di vita in un personale paradiso. E, ancora meglio, di aiutare altri a fare altrettanto!

Poiché quando tu diventi proprietario di un regno, hai anche piacere di dividerne le ricchezze e le bellezze con altri. Che gusto c'è a restarsene da soli, desolati e tristi? Cosa avresti vinto?

Cosa te ne fai di una ricchezza sconfinata tenuta solo per te? La condivisione è la cosa più bella, il momento più alto di armonia e di vibrazione. E sgorga spontanea quando hai riempito tutta la tua brocca di quella speciale tua risorsa, quella ricchezza di energia che è anzitutto interna, poi diventa anche materiale. La tua vera ricchezza è la luce interiore. Che può diventare poi qualunque altra cosa tu desideri, anche nella materia stessa. E questo è "potere".

Quando l'energia mentale diventa luce, varca i confini della materia, per cui può fare della materia quello che vuole. Il miracolo è questo: capacità di fare della materia quello che si vuole.

Ora, scientificamente parlando, è chiaro che occorre una grandissima energia, perché una tale vibrazione poi diventi luce. E' una cosa che un essere umano, da solo, ha notevole difficoltà a raggiungere. Ecco perché quando più esseri umani si riuniscono in cerchio e pregano, o meditano, sviluppano più potenza mentale, più forza spirituale, a patto però che tutti remino dalla stessa parte, ossia che il gruppo sia omogeneo per intenti e per amicizia. Altrimenti la frammentazione e la disarmonia la faranno da padrone, e porteranno più danni che altro.

Si può essere tanti, difatti, e non sviluppare molto potenziale, oppure pochi ma buoni. Tuttavia l'essere in più persone porta alla amplificazione di più energia mentale, processo che avviene in ognuno di noi alla base del cervello, in modo automatico e quasi sempre inconscio, il tutto a livelli di potenza differenti da caso a caso. E si possono sviluppare potenze di campo di energia tali, da dare vita a fenomeni anche molto corposi.

Capitolo 6

La figura del maestro

Per chi cerchi un grado di evoluzione ancora superiore, pertanto, diventa necessario unirsi in gruppo, per ricercare e sviluppare assieme ad altri, e remare tutti nella stessa direzione, con metodo e costanza, con determinazione e perseveranza. Il beneficio si riflette allora su tutti i componenti del gruppo. Quando si parli tuttavia di iniziarsi alla difficile arte della mente e del suo autosviluppo di luce, è altrettanto pacifico trovarsi di fronte ad un processo troppo sottile e delicato da affidare all'improvvisazione, o anche all'autodidattica. Dacchè mondo è mondo, le iniziazioni alle arti, tanto più a quelle sottili della mente, e più in generale a quelle interiori, sono sempre affidate alla figura del maestro.

Tu puoi anche farti una buona idea di come funzionino determinate cose attraverso la lettura di validi libri, attraverso lo studio, ma resta che quando poi sei solo nella applicazione di quelle strategie, l'energia con la quale devi fare i conti rimarrà sempre e soltanto la tua, non potrai disporre di un'altra. Quindi con tutti i suoi limiti. Ora, "iniziazione" non è semplicemente "avviamento" di una nuova pratica mentale, ma proprio apertura di una nuova "porta", accensione di un nuovo processo nella tua sfera mentale, incanalamento di un nuovo propellente di auto-sviluppo della mente.

Il maestro non è dunque semplicemente uno che ti fornisce spiegazioni teoriche su determinati meccanismi della mente, che ti insegna una tecnica per avanzarti in un nuovo percorso, ma è bensì una forza cosmica, una forza che si mette al tuo servizio, e che imprime una decisiva spinta propulsiva di partenza alla tua energia, per avviare un serio quanto efficace nuovo lavoro di auto-sviluppo della mente in te. Tu non potresti pertanto sostituire una simile azione con una semplice lettura, o con qualche spiegazione più o meno approfondita da parte di qualcuno su quel mondo nuovo al quale ti affacci. Il maestro, ripeto, non è semplicemente un istruttore. Egli è una forza cosmica, una forza divina che si mette al tuo servizio e che avvia in te un processo nuovo di auto-amplificazione di energia mentale, che dovrà poi arricchirsi nel tempo, grazie al tuo impegno personale e costante.

Il maestro è il divino che si fa strumento presso di te. Sai cosa vuol dire raggiungere uno stadio del genere? Significa dedicare una vita alla propria ricerca interiore, dopo essere stati quasi sempre a propria volta iniziati da un altro maestro, significa aver operato importanti scelte di vita e rinunce, significa aver elevato la propria vita a quel superiore rango di esistenza, in una coerenza totale, senza compromessi, rinunciando spesso a quelle cose alle quali la gente comune non sarebbe mai disposta a rinunciare, lavorando sodo e camminando su se stessi. Significa essersi spogliati della propria umanità. Significa aver meritato, alla fine, una tale autorità.

Non si diventa maestri da un giorno all'altro. Non ci si può improvvisare, né auto-proclamare tali. La condizione di maestro è una autorità che proviene da Dio, dalle sfere superiori che comandano, e che devi guadagnarti, quand'anche tu abbia in te le giuste basi di evoluzione spirituale per potervi accedere. Il destino di maestro, difatti, è scritto ancor prima che egli venga in Terra: non lo si decide qui.

Quando un maestro abbraccia un gruppo di nuovi discepoli, per iniziarlo, lascia fluire in tutto il gruppo, in tutti i suoi componenti, contemporaneamente, una forza che si distribuisce in ciascuno di essi, in proporzione al loro personale grado di evoluzione di energia e di coscienza. Il maestro entra contemporaneamente in tutti loro, e diventa un po' la loro coscienza suppletiva, e li alimenta in modo sottile, profondo e permanente. Ognuno si porterà dietro alla fine la sua parte di forza, che gli resterà dentro come un dono permanente, come un nuovo patrimonio personale, sul quale poter costruire poi altre fortune interiori, ulteriore sviluppo.

Il maestro è un braccio di Dio presso di te, ed è cosa difficile da trovare, in questo mondo della vendita, in cui spesso tanta gente si riveste di una tale autorità pur senza averla affatto. Inutile dire a quali rigori della Legge tale gente andrà inesorabilmente incontro, poiché a nessuno è dato di rivestirsi di una autorità che il cielo non gli abbia mai conferito. Queste cose poi le si paga amaramente sulla propria pelle, prima o poi. Tu potresti anche prendere in giro il prossimo ed arrivare finanche a derubarlo; eppure ti dico che l'auto-attribuirsi una autorità divina che solo Dio può conferire, ed ingannare il prossimo attraverso un tale atto, è fare qualcosa di ancora più sacrilego e blasfemo del semplice rubare, magari per fame. Ti attiri le ire del cielo. Attento dunque a quello che fai. Con le cose di Dio non si scherza!

Ma approfondiamo meglio questo mondo del maestro. Il maestro del quale io parlo è un "illuminato", e cioè uno che sia stato iniziato a sua volta da un altro maestro, di rado direttamente dal cielo (si tratta di casi eccezionali), e si è poi incamminato con profitto lungo la via dello sviluppo mentale e spirituale, sottoponendosi ad ore ed ore di disciplina del corpo e della mente, di una pratica mentale totalmente mirata, ma spesso anche a privazioni, a molti atti di sostegno verso il prossimo, ed a tutto quello che potesse essere di enorme profitto e quindi di velocizzazione nel proprio percorso di auto-sviluppo e di auto-evoluzione. Un illuminato è un essere la cui energia si è fatta ormai così espansa e cosmica, da aver avvicinato nettamente se non già raggiunto i livelli della Luce, ossia della più alta vibrazione della mente e della coscienza.

A tale livello, si è in uno stato di unione spirituale (di coscienza ovviamente) con Dio, quello che si è sempre chiamato "unione divina" nello yoga, o "matrimonio spirituale" nelle tradizioni mistiche cristiane, o stato di "illuminazione" nelle tradizioni buddiste. La tua energia a quel livello è divina, e la tua coscienza è in pratica quella del divino nell'umano. Si può dire che Dio stesso a quel punto viva in te, e parli e pensi in te, tale è il processo di divinizzazione o di trasformazione dell'umano nel divino che in tale stadio si raggiunge. L'uomo si è divinizzato.

Ed un tale maestro illuminato può iniziare un solo allievo alla volta, come può iniziarne anche tanti contemporaneamente, che so io, cento o mille. Per lui fa lo stesso. Poiché la sua forza spirituale si moltiplica automaticamente secondo le esigenze di chi ha davanti. Poiché è il divino a dimorare in lui, ed a manifestarsi in favore degli altri. Non più l'umano. Si tratta di automatismi, non più soggetti a calcolo razionale. E' la dimensione superiore che opera direttamente, nel qui ed ora, attraverso quello strumento umano, in relazione ai bisogni in gioco in quel momento.

Il maestro è dunque un braccio di Dio. Qualunque cosa potrebbe avvenire attraverso di lui. Poiché la sua coscienza dimora in tutte le dimensioni contemporaneamente, in tutti i tempi ed in tutti i luoghi. Questo è l'illuminazione. Nella coscienza di un tale essere vi sono inscritte le possibili risposte a tutte le possibili domande dell'uomo. I perché. Vita morte e miracoli di tutto. Questo è un maestro illuminato.

Inutile dire allora quale senso di rispetto, se non di venerazione sia giusto tributare ad un simile essere di luce, ad un "fratello" di tale superiore caratura. Un suo consiglio potrebbe aprirti una decisiva via, e perché no un suo schiocco silenzioso di dita potrebbe mettere in moto anche un miracolo per te. Ma lui non te lo dirà. Probabilmente lo farà e basta. Sicché tu vedrai accadere quella rivoluzione che aspettavi, ad un qualche livello della tua vita, ma probabilmente neanche capirai come è accaduta.

Perché l'uomo non capisce facilmente. Probabilmente la riterrai una fortunata combinazione di eventi, come capita a tanti, che sanno pretendere il miracolo, ma che quando accade poi non lo riconoscono nemmeno. O magari riuscirai a capire il nesso causale degli eventi che ti sono accaduti, e l'azione sottile che può averli generati. In quel silenzio v'è tutta l'umiltà del grande. Non nel rumore e nel fumo del mondo. E l'uomo ama gonfiarsi il petto molto facilmente, anche per molto poco.

Qualunque atteggiamento che non sia improntato al rispetto ed alla venerazione verso il maestro (intima ovviamente, non necessariamente formale), è pertanto assolutamente irragionevole. Lo capirebbe anche un bambino. Eppure, ti dico, tanti non riconoscono un maestro anche se lo hanno davanti. Poiché sono troppo pieni di sé, di spocchia e di presunzione, delle loro fumosità. Sono come sordi e ciechi.

L'uomo difatti proietta sull'altro esattamente tutte le tare che si porta dentro. Se ha il nero dentro di sé, vede solo nero anche nell'altro, o se ha il bianco vede solo il bianco. Difficile difatti vedere il puro in un altro, là ove il puro non sia prima dentro di sé. Pretenderai di considerare l'altro un tuo pari, come se egli fosse come te. Anche se non è affatto come te.

Ma un maestro è umile, ed anche se ti avrà scrutato dalla testa ai piedi, anche se avrà visto dentro di te i più nefandi buchi neri, non te lo dirà. Perché in lui vive il senso del rispetto e della comprensione. Egli non è animato dal desiderio di umiliare l'altro, né di esaltare sé, anche quando ne avrebbe ottime ragioni ed ottimi mezzi per poterlo fare. Poiché in lui non regna il bisogno di protagonismo, come in tanti uomini, ma regna l'Amore. Per cui egli si terrà piuttosto sempre disponibile al dialogo, ed al confronto, neanche fosse un tuo pari, e quasi fosse un suo bisogno. Per essere spesso poi frainteso.

Così si assiste tante volte alla situazione paradossa in cui il suo interlocutore scambia facilmente la sua mitezza ed il suo silenzio per pochezza, per debolezza o per incapacità, non perdendo occasione allora di salire in cattedra a dispensare lezioni a destra e a manca, sfiorando solo il ridicolo. Questa la cecità media dell'uomo di bassa evoluzione! Quando un maestro è uno che reca in sé già la potenziale risposta a tutte le possibili domande!

Quale interesse avrebbe mai una simile arca di scienza a "discutere" con comuni mortali su cose che egli ha già dà parecchio archiviato, e dato per scontato? Quale interesse avrebbe a cercare di "convincere" il suo prossimo su determinate verità? Egli non è un venditore, che cerca di rifilarti un prodotto per un profitto personale. Egli non imbonisce la gente per ricavare qualcosa per sé. Un maestro è uno che, quando parla, lo fa per te.

Perché tale è la spinta divina che muove dentro di lui, tale è la sua missione, tale è lo scopo della sua venuta in Terra. E quasi sempre un maestro illuminato proviene da piani di evoluzione superiore, proviene dal futuro, per portare sulla Terra una qualche decisiva rivoluzione di pensiero, epocale e storica. E non è mai bello, peraltro, "retrocedere" in una dimensione inferiore e grigia come la nostra! Ove gli sarà facile peraltro, prima o poi, sentirsi dire: "Ma tu, chi ti credi di essere, per insegnare a me qualcosa?".

Che interesse avrebbe, dunque, un maestro a discutere con te? Quello di farsi insultare? Tutti gli incagli che tu stai oggi cercando a gran fatica di superare nella tua vita, egli li ha già superati da millenni! Eppure non c'è peggior sordo di colui che non voglia ascoltare. Perché all'essere umano piace sentirsi raccontare possibilmente solo quelle cose che gli tornano gradite, giusto quelle che vorrebbe sentirsi dire! Non certo ricevere tirate di orecchie su errori e difetti, su limiti, impotenze e debolezze!

Ma di che cosa hai bisogno tu poi, veramente, nella tua vita? Di falsi e vuoti complimenti? O di facili illusioni?

Se vorrai crescere davvero, dovrai piuttosto saperti rimettere sempre e volentieri in discussione!
E l'orgoglio, unitamente all'avidità, è il peggiore animale che possa vivere nell'uomo!
Tu hai bisogno di verità piuttosto, di concretezza, di saperti mettere a nudo con te stesso, e di osservarti per quello che sei veramente: solo così potrai sperare di fare qualche serio e nuovo passo evolutivo in avanti. Ammettendo i tuoi attuali limiti. Non gonfiandoti il petto per quelle quattro cose che sai già eventualmente fare!
E che te ne importa poi del giudizio del mondo? di quello che pensano gli altri di te? Preoccupati piuttosto di quello che Dio pensa di te! Resta in pace pertanto con la Sua Legge, che parla dall'interno della tua stessa coscienza. Quello alla fine ti ripagherà. E per essere in pace con la Legge, devi guardarti dentro quanto più possibile, criticamente e con giusta severità,

continuamente. Sempre. Ogni giorno che passa. Non guardare al bicchiere mezzo pieno di quello che già sai fare, o che già sai essere, ma guarda al bicchiere mezzo vuoto di ciò che ancora non sai fare o ancora non sai essere. E sforzarti di migliorarti. Punta alla perfezione. Con queste basi non potrai mai fallire la tua vita!

L'umiltà è una grande ricchezza. E' una grande forza. Nell'umiltà c'è tutta la potenza di Dio.

Non promettere mai quello che non puoi mantenere. Non promettere miracoli, quando poi non sai farne. Un maestro, che pur è in grado di farne, non ne promette mai! Egli è la Luce fattasi uomo, e può arrivare a fare anche queste cose per te, qualora necessario, e se tu lo avrai meritato. Ma tu non devi pretenderle da lui. Né lui te le prometterebbe mai. Poiché il silenzio è d'oro, e certe facoltà segrete non si svelano!

Rispetta il tuo maestro allora. E se non l'hai ancora incontrato, sforzati di riconoscerlo in quel giorno fortunato in cui lo incontrerai. Perché il cielo, se davvero lo vorrai, prima o poi te lo metterà davanti. E per te sarà solo una benedizione!

Cosa assai rara, in questo mondo della mediocrità. Egli sarà colui che si farà carico di tutto il tuo successivo e futuro percorso di auto-sviluppo e di vita. Silenziosamente. Ma fattivamente. Egli sarà la garanzia di ogni tuo successo.

Ma tu dovrai onorarlo. Sempre.

Capitolo 7

La vittoria della vita sulla morte

Quando noi sviluppiamo energia mentale, la accumuliamo in una sorta di riserva invisibile, che rappresenta il nostro campo personale di energia. Quando tu sei inserito in un campo di cerchio (specie col maestro), sviluppi più energia, e ti porterai dietro, al termine della seduta di concentrazione, la tua quota-parte di energia da te sviluppata o comunque assorbita. Molta di più di quanta avresti potuto svilupparne da solo, a parità di impegno (lavoro mentale) e di tempo. L'evoluzione in un gruppo, pertanto, è più veloce.

Andando un po' più sul pratico, per evolverti la tua energia deve aumentare sia ad un livello qualitativo che quantitativo. Il campo di energia deve farsi più forte, e la frequenza vibratoria deve farsi più sottile, e quindi più alta, in modo da progredire verso la luce. Evolvere l'energia significa a ruota evolvere la coscienza, ossia la propria capacità di percepire e di interpretare la realtà. La capacità di "vedere", cioè.

Tu vai più in profondità nella lettura degli eventi, delle loro cause, delle loro interconnessioni con altri eventi. Spingerti più in profondità nelle cause, significa guadagnarne tu stesso il comando dentro di te; alla fine tu stesso puoi diventare concausa degli eventi (assieme al divino). Tu avrai coscienza della loro promozione, che avviene consapevolmente, con atto di volontà e di comando superiore. E' così che acquisisci dominio sulla tua realtà.

E questa è una autorità che ti proviene da Dio, e che si proporziona esattamente al grado di spogliazione di te stesso che tu sia riuscito fino a quel momento a realizzare. Poiché in pratica in quel tuo abbandono al divino, come dicevamo prima, tu ti spogli progressivamente di te, "muori a te stesso", per rivestirti di Dio. Si realizza insomma un vero processo di sostituzione tra ciò che è umano (coscienza e vibrazione mentale) e ciò che è divino. Il divino sostituisce l'umano, per cui si può a giusta ragione dire che "santificazione" o "illuminazione" coincidano con tale processo di "sostituzione divina dell'umano".

La "via della morte" è la via più alta per evolversi. Ma è anche la meno gradita all'uomo. Ove per morte intendiamo una morte interiore ovviamente, non quella fisica.

Ora, è bene che tu sappia che tutto ciò che sta più in superficie (corpo fisico) è dominato sempre da tutto ciò che abita più in profondità (mente spirituale o supercosciente), poiché paradossalmente ciò che sta più in profondità coincide con ciò che sta più in alto (elevazione vibratoria), e ciò che sta più in alto, cioè a monte, informa sempre il funzionamento di tutto ciò che sta più in basso, cioè a valle. Dunque lo stato più elevato della mente e della coscienza influenza e dirige le modalità vibratorie e quindi di funzionamento dei piani inferiori, psichici e corporei. Questo quando si sia riusciti comunque a creare un sufficiente canale di collegamento tra lo spirito e la materia.

Che poi quando, come accade purtroppo in molti casi, tale canale non si sia ancora ben aperto, allora si assiste alla situazione paradossa in cui la psiche comanda a tutto campo anche sullo spirito, impedendo a quest'ultimo di esprimere le sue giuste volizioni. Ma qui siamo già nel patologico. E difatti molti casi di persone schizoidi, per un fatto psichico e genetico, recano nel profondo tuttavia patrimoni spirituali ben più ragguardevoli quanto insospettabili rispetto a quanto la persona riesca ad esprimere attraverso i suoi comportamenti. Ma questo è un altro caso. Non del tutto infrequente, tuttavia.

Se il tuo canale di comunicazione tra alto e basso, tra superiore ed inferiore è buono, allora il corpo psichico e poi ancora quello fisico possono vibrare ad un livello superiore di frequenza, quella alla quale vibra la tua mente ultrasottile. Questo vuol dire che se tu hai portato la vibrazione della tua mente ultrasottile vicino a quella della luce, anche il tuo corpo fisico potrà arrivare a vibrare a quel livello. Poiché, come ti dicevo all'inizio, noi siamo un'unica energia, che si differenzia e si esprime semplicemente su piani vibratori differenti, sempre più sottili a mano a mano che passiamo dalla superfice del corpo fisico alla profondità del corpo spirituale (mente ultrasottile). Ma se il corpo spirituale raggiunge il livello vibratorio della luce, anche il tuo corpo fisico vibrerà a livello della luce.

Questo significa che il tuo corpo fisico potrebbe arrivare anche a diventare invisibile, ad un certo momento, poiché le sue frequenze elevatissime di luce lo porterebbero a questo. E questa è scienza, amico mio, non fantasia. Inutile dire, ovviamente, quanto sia faticoso ed improbo, per un singolo essere umano, arrivare a sviluppare un "corpo di luce" con le sue sole forze. E' un'energia pazzesca, che non avrei difficoltà a definire "quantica", pari cioè a quella che tiene coese le molecole e gli atomi della materia, e le varie particelle subatomiche tra loro. Ma non è cosa impossibile.

Ovviamente nulla vieta di pensare che un giorno anche l'uomo possa raggiungere quella capacità di disgregare energie quantiche dall'atomo, in modo non violento, e di canalizzarle in una fruttuosa cooperazione con la mente umana. Queste interazioni di luce tra mente e corpo, in tal caso, sarebbero decisamente agevolate.

Ciò di cui ti parlo è una ipotesi non troppo remota, un fatto futuristico al momento per il nostro pianeta, ma magari attuale per qualche altro mondo dell'universo, attualmente più evoluto del nostro. Se per ipotesi un generatore di energia quantica entrasse in sintonia operativa con la mente umana, una o più menti simultaneamente all'opera diciamo, sarebbe possibile che la mente assorba tutta la potenza radiante del generatore, restituendo una potenza operativa diretta. In pratica una tale mente, diventata ormai "quantica", potrebbe facilmente interagire con l'ambiente circostante, con le macchine ed anche con altre menti, per farne una comunicazione telepatica di tutto rispetto.

La mente potrebbe allora comandare direttamente alla macchina, ad esempio, e senza più bisogno di fili o di altre apparecchiature, come in una sorta di dialogo diretto. Con un semplice comando la mente potrebbe imporre ad un'aerovolante di smaterializzarsi e di viaggiare a velocità pensiero, o lungo la corrente del tempo. Per poi ri-materializzare l'aerovolante e tutto l'equipaggio una volta giunta a destinazione. Un gioco da ragazzi, a quel livello.

E tutto questo potrebbe già essere appannaggio di altre civiltà, che giusto in questo modo riuscirebbero con facilità a spostarsi a migliaia di anni-luce con una rapidità pari a minuti, o appena ore delle nostre. La velocità della luce non rappresenterebbe, insomma, il massimo possibile, come continuiamo a ritenere oggi.

E' pensabile che civiltà del genere abbiano già da un pezzo superato quella dualità di natura che vede noi esseri umani al momento ancora soggiogati. Noi siamo ancora soggetti alla forza disgregatrice della morte. Loro non lo sarebbero più. Questo vorrebbe dire non essere più soggetti alla morte, o scegliere di morire coscientemente, e di passare coscientemente ad uno stato di vita nuovo e differente, per scelta, non per disgrazia, o per fatalità, come accade a noi.

La morte, per tali esseri di elevata evoluzione, sarebbe una scelta, una opzione per passare ad un livello di esistenza differente, generalmente più evoluta. Più di rado per incarnarsi in dimensioni di minore caratura, scendere cioè in mondi inferiori, nel qual caso ciò avverrebbe solo per missione. Quanti esseri di caratura stellare, d'altronde, si incarnano da secoli di tanto in tanto sulla Terra. Sono esseri di luce che provengono dal futuro, e scendono da noi per potarci messaggi evolutivi e di salvezza.

Per costoro, che hanno vinto la battaglia della materia e della dualità da tempo, la morte è una scelta. Mentre da noi la morte è l'ineluttabile, la fatalità finale, il viatico finale della vita di ogni uomo. Ma anche la sconfitta finale, la vittoria dell'impotenza umana sulla potenza divina. Proprio il contrario di quello che accade da loro. Poiché, se siamo qui, il senso non vorrebbe essere quello di arrivare a vincere anche sulla morte? Poiché questa è la vittoria della vita, e del divino, che è appunto sinonimo di vita.

Capitolo 8

Dinamica della malattia e della guarigione

Finché c'è morte, c'è sconfitta. Il campo di morte, segreto, impalpabile, ha la meglio su di noi, intanto facendo avanzare a grandi passi il nostro orologio biologico verso la vecchiaia ed il decadimento fisico. Poi facendoci ammalare facilmente, e sempre più facilmente. Poi portandoci verso l'exitus finale, in modo spontaneo o anche accidentale.

Noi dobbiamo diventare di luce. La nostra condizione divina deve trionfare su quella umana. La potenza mentale deve vincere sulla impotenza, la libertà sulla prigionia, tanto mentale quanto materiale.

Conquistare un maggiore dominio di potere e di libertà è evolversi, viaggiare verso equilibri di energia e di funzionamento più efficaci, più sottili, più diretti. Con il sottile puoi essere in un attimo in qualunque punto dell'universo, non solo presente, ma anche passato o futuro. Puoi viaggiare nel tempo e nello spazio, e se la tua condizione di energia si fa più grande e di luce, puoi spostartici con tutto il corpo fisico. La barriera che costituisce il nostro no, o impotenza, sta solo nella mente, nel suo grado di sviluppo.

Il nostro corpo è governato dalla mente cellulare, la quale è governata dal DNA. Nel DNA v'è la storia pregressa dell'uomo, la storia della sua evoluzione, tutta la sua più alta potenzialità, ma anche la storia della sua sofferenza, dei suoi traumi, dei suoi disagi. Quanta sofferenza si trasmette con il DNA?

Noi memorizziamo nella nostra genetica anche i traumi, e li tramandiamo ai posteri. Nel tentativo di arricchire il nostro bagaglio di conoscenza, noi non ci trasmettiamo l'un l'altro geneticamente solo delle possibilità, vedi quelle utili a scopo difensivo, per la sopravvivenza della specie, ma anche traumi, dolore, assolutamente dannoso. E' così che modalità ancestrali di difesa sono diventate oggi un meccanismo di auto-offesa per noi, come quando alcune cellule non riescono più a riprodursi, vedi i neuroni.

Per causa della sofferenza, siamo andati accumulando sempre più limitazioni nel nostro bagaglio genetico, prestando il fianco alla malattia ed ancora di più alla morte. La genetica diventa allora una trappola.

Nel DNA v'è insita anche la funzione "orologio-biologico", la quale poi altro non è se non un campo di energia, ancorchè una forma di informazione, una sorta di contatore del tempo. In quel contatore v'è insito un comando che prevede il degrado del corpo con l'avanzare del tempo, così programmato da millenni. Una funzione che ha certamente subito nel corso del tempo delle variazioni, a causa di screzi ambientali, non ultimo di quelli appena descritti, che da fattori difensivi si sono trasformati in fattori auto-aggressivi, causando decadimento fisico e vecchiaia.

E' possibile che in origine l'uomo non fosse programmato per invecchiare, quanto meno così presto, e che nel tempo tale processo si sia accelerato per l'aggiunta di informazioni autolesionistiche nel DNA. La mortalità, in pratica, è una patologia, la aberrazione di un percorso normale, che prevedrebbe invece longevità ed immortalità, come accade di norma presumibilmente presso altre civiltà del cosmo, ove è stato debellato il dualismo psichico e materiale, e sono state eradicate tutte le tare derivanti dalla genetica.

La genetica non deve recare più tare con sé, ma solo informazioni positive. Non più fattori di autolesione, malattia, dolore e morte. Poiché la genetica diventa uno dei più grossi veicoli di sofferenza dell'uomo. Molta parte della nostra sofferenza è già scritta in quel doppio filamento, e ce la tramandiamo da padre in figlio, in una sorta di auto-rigenerazione perpetua del male. Quando noi riusciremo a porre fine a questo circolo vizioso di negatività ereditaria, allora potremo trasmettere solo valenze positive, possibilità, solo costruttività, fattori di potenziamento e non di debolezza.

Dunque il male è una forza che ci attacca dal di dentro, non ultimo a partire spesso dalla genetica, che perpetua nel tempo quanto di peggio il genere umano sia riuscito fino a quel momento a sperimentare e vivere sulla sua pelle. Poi il male si serve molto anche del pensiero, vera fucina di negatività, quando ci porta a reagire in modi sbagliati a determinati stimoli della vita. La reazione emozionale è conseguenza di quello che pensiamo, di quello spirito di pensiero del quale ci siamo impastati da cima a fondo. Reagiamo per quello che pensiamo, e pensiamo per quello che siamo nei nostri equilibri fondamentali di energia e di coscienza. E' la nostra sintonia di pensiero e di emozione, la nostra coerenza dell'essere. Ma non necessariamente sempre positiva.

E tutto avviene anche inconsapevolmente, con reazione automatica. E molta parte del nostro pensiero e delle nostre reazioni emozionali sono condizionate, oltre che da un imprinting genetico, anche da un imprinting di tipo familiare, o di tipo sociale, o di tipo traumatico, cioè da tutti quei fatti che sin da piccoli ci hanno visti soccombere o protagonisti di scene drammatiche, capaci di opprimerci fisicamente ed emozionalmente, e nel pensiero stesso. Ci rimane tutto stampato dentro, anche fino a tarda età. E' lì sotto, sepolto nel terreno inconscio della nostra mente psichica, "rimosso" come direbbe Freud.

Non ricordiamo, ma quel vissuto agisce ancor oggi dentro di noi, e fa sentire i suoi effetti devastanti, a livello di reazione emozionale per l'appunto, ma anche a livello di pensiero, di come abbiamo strutturato le nostre opinioni sulla vita, sulle cose, sulle persone. Non a caso siamo pessimisti o diffidenti, se non proprio cinici, aridi, e quant'altro. In parte si nasce anche così, per effetto dell'imprinting genetico, ma in grossa parte si acquisisce quel dato modo di essere attraverso le esperienze di vita, che ci segnano in modo anche drammatico, e persistente.

Un trauma è un trauma, specie se vissuto in tenera età. Per cui a trenta o quarant'anni siamo il prodotto di tutte le nostre esperienze di vita vissute fino allora, non solo di quello che ci hanno trasmesso ereditariamente, e di cui non abbiamo neanche cognizione. Quanto ciarpame ci portiamo dentro, e non lo sappiamo? Quante cariche di energia distruttiva agiscono dentro di noi, senza che noi nemmeno ce ne rendiamo conto? Tutta negatività che ci sottrae ossigeno alla possibilità pura e positiva della mente e dell'anima, di respirare in modo pieno e sano, di gestire cose nuove e positive, più efficaci e potenti, e non solo sfiducia, pessimismo e negatività. Tutta quella negatività ci toglie praticamente ossigeno morale, mentale ed anche fisico, predisponendoci alla precarietà fisica ed alla malattia.

Il nostro corpo è potenzialmente indistruttibile, ma per via di tare genetiche esso si presenta spesso cagionevole, debole in determinate aree e funzioni, e quindi predisposto all'attecchimento di un male. Ma cos'è poi in fondo un male fisico? E' l'esatta proiezione di un male interiore, di una carica di negatività abnorme che ha preso la via del corpo, puntuale ricettacolo di tutte le nostre tensioni emozionali, quello che noi chiamiamo comunemente "stress".

Stress non è solo surmenage fisico o psichico, ma una abnorme, reiterata e devastante reazione emozionale a stimoli offerti dalla vita, nel quotidiano, stimoli da noi vissuti come disturbanti e causa di sofferenza, e che da altri, paradossalmente, potrebbero essere vissuti perfino come gradevoli. Stress non è mai qualcosa di oggettivo e di esogeno, di esterno a noi, ma sempre di soggettivo ed interno. E' una nostra reazione.

E la vita ne propone tante di situazioni-prova, contesti ove abbiamo puntualmente a che fare con persone e cose che sembrano studiate quasi apposta da una intelligenza invisibile per metterci in difficoltà, nella pazienza, nella capacità di sopportazione, nell'umiltà, nella fede, nella volontà e quant'altro. Esiste come una sorta di regia invisibile che pare pilotare ogni scenario di vita per noi, scegliendo paradossalmente sempre quelli più indicati a metterci in difficoltà, più che quelli che ci mettano a nostro agio o che ci facciano piacere. E questo in sintonia con una forza distruttiva che non cerca di meglio per noi che tentarci, metterci in difficoltà, mandarci in tilt, e possibilmente annientarci, ma anche con una forza positiva che "utilizza" invece tutte queste circostante negative come "situazioni-test", come una possibilità di arricchimento e di superamento di noi stessi.

Per il polo negativo quelle situazioni diventano fonte di sofferenza, opportunità di stress, di malattia e di morte. Per il polo positivo esse rappresentano invece una grande opportunità di confronto con noi stessi, di crescita. E' questa la differente ottica imperante nelle due polarità.

Ciò che la polarità distruttiva crea per metterci nei guai, materialmente e soprattutto moralmente, per tentare possibilmente di annientarci, la polarità positiva cerca invece sempre di ricondurre ad un passaggio evolutivo utile, sofferto ma di crescita, di sviluppo personale e di guadagno, di evoluzione spirituale, cerca di riconvertire sempre in un qualche beneficio. Lo vive comunque come una situazione di crescenza.

Per il polo positivo (luce) tutto diventa possibilità di apprendimento e di progresso, ancorchè di soluzione. Per il polo negativo (tenebra) tutto diventa possibilità di sofferenza, di auto-distruzione e di morte. Queste le due ottiche e le due forze in gioco, in contrapposizione, alle quali siamo in qualche modo sempre sottoposti. E tutto lo scontro in noi diviene "conflitto", di emozione, di pensiero, e poi di energia. E quando amplifichiamo troppa energia negativa, allora generiamo stress.

Ed un forte stress (prodotto dal reiterarsi nel tempo di una tale negativa produzione) diventa carica abnorme che si trasmette al corpo, si scarica a livello di un organo bersaglio (o di un sistema bersaglio), ovviamente debole, predisposto al male, ed ivi genera la lesioni proprie di una certa forma clinica. La scienza ufficiale dirà poi che la causa di quel male è stata il tale virus o il tale batterio, o la tale radiazione o il tale fattore tossico. Ma tutti questi agenti sono spesso solo dei co-fattori, capaci di imprimere più che altro la forma clinica ad un male, che se non prendesse quella data strada, ne prenderebbe comunque qualche altra: poiché il male non è nella forma, ma è nella sostanza di fondo, che viene dall'anima, o psiche del soggetto.

E' là difatti che l'uomo soffre tutti i suoi limiti visuali o interpretativi della sua realtà, tutti i condizionamenti occulti che si porta dietro e che lo portano a stornare energie di luce alla visione ed alla interpretazione dei suoi vissuti, per adottare interpretazioni negative e come conseguenza reazioni emozionali distruttive. Il tutto, alla fine, solo in danno di se stesso. Il risultato di tutto questo è la malattia, fisica o anche mentale. Ma è solo il terminale di tutto un processo profondo. Non vi sono agenti esogeni, come virus e batteri, dotati di tanta potenza su di noi!

La potenza (o virulenza), alla fine, gliela forniamo giusto noi. Il nostro corpo difatti è potenzialmente indistruttibile, e se non vi si creassero quelle condizioni predisponenti intanto genetiche, poi esistenziali e psichiche, e solo alla fine immunitarie o quant'altro, certamente esso non sarebbe soggetto a tanto screzio da parte di chicchessia. Non vi sarebbero batteri e virus, agenti chimici o radioattivi capaci di abbatterne la forza e l'efficienza: esso si rigenererebbe sempre e comunque.

Ma, per causa di quelle precarietà di fondo da noi stessi favorite, ecco come veniamo spesso e facilmente a cedere di fronte allo screzio portato dai più svariati agenti di male, per cui l'azione congiunta di tutti quei fattori finisce col costituire una forza aggressiva di portata non indifferente. Sicchè, in un soggetto già debilitato, si crea un terreno ottimamente favorevole acchè un qualsivoglia agente patogeno vi scateni malattia.

La forma clinica del male la decide la natura stessa dell'agente microbiologico eventualmente in gioco, e si contraddistingue per le lesioni tipiche che quel dato agente tende a portare nei tessuti, e le alterazioni fisiopatologiche che ne conseguono. Altrimenti, in assenza di un qualche agente esogeno (anche tossico o radiante), la forma clinica viene decisa dalla genetica, che pesca nel bagaglio ereditario personale del soggetto, scegliendo l'organo bersaglio ed il tipo di patologia di particolare risonanza in esso (slatentizzazione di tare ereditarie sotterranee). Questo vale naturalmente anche per tutte quelle forme cosiddette "auto-immuni", o comunque per tutte quelle forme "auto-aggressive e sistemiche", nelle quali la scienza medica ufficiale non isola alcun agente eziologico specifico.

Ma la sostanza del male comunque, come da noi ormai già abbondantemente chiarito, proviene sempre dall'interiore del soggetto (stress). Ed è qui che occorre denunciare la cecità di questa medicina ufficiale della non-conoscenza, delle pillole e dei tossici, delle cause apparenti e della materialità fisica, che tutto riesce insomma a vedere tranne la vera natura profonda dell'anima di un male, e le sue vere dinamiche. Che tratta insomma l'uomo come l'ennesimo "animale da laboratorio".

E come un male nasce dal di dentro, altrettanto esso dovrà essere curato dal di dentro. Psiche per psiche, energia per energia. Sicchè le aree del corpo danneggiate possono essere rivitalizzate dalla stessa energia, in questo caso fornita dall'esterno (bioenergia), mentre la volontà del soggetto (coscienza) dev'essere ri-orientata in senso positivo, auto-riparativo, attraverso la correzione del pensiero distorto ed autodistruttivo (parola ed autoguarigione).

La liberazione dalle cariche psichiche patogene viene realizzata intanto attraverso la somministrazione di altro pensiero positivo (messaggio correttivo), e solo dopo attraverso il defluire spontaneo delle sotterranee emozioni disturbanti (abreazione). Sono questi i passaggi inversi che consentono di andare dalla negatività di malattia alla positività di guarigione: esattamente un percorso opposto a quello compiuto dal male per ingenerare malattia nel corpo.

E questo percorso non richiede necessariamente l'uso di fattori estranei (vedi farmaci o sostanze), ma semplicemente l'uso delle medesime risorse naturali che hanno generato il male dal di dentro (energia e coscienza), semplicemente seguendo, ripeto, un processo opposto a quello patogeno, cioè generando campi di forza positivi, intanto a livello corporeo (campo vitale o bio-energetico), e poi a livello psichico (positivizzazione del pensiero e delle emozioni), in ultimo a livello spirituale (energia-luce di risveglio).

Poiché è chiaro che se la persona si è arenata di fronte ad una data prova della vita, vissuta come intollerabile o comunque schiacciante, diciamo pure distruttiva, occorre che alla fine quella persona ritrovi le giuste risorse di energia fisica prima, psichica poi, e spirituale in ultimo (coscienza superiore), per riuscire a girare la propria ruota psichica dall'altra parte, a leggere ed a gestire quel vissuto in modo differente, e finalmente costruttivo, ad imparare come ricavarne un guadagno fino a poco prima insospettato, a commutare insomma una situazione passiva e disastrosa in una attiva e foriera di insegnamento e di beneficio. Questo è la trasformazione di uno stato di impotenza in uno stato di potenza.

Ma occorre una grande forza (energia) per ricavare tutto questo. Ed una persona in difficoltà da sola non la trova. L'aiuto (terapia) deve consistere allora, intanto, proprio nella erogazione di una tale energia in suo favore. La persona alla fine cambia, si corazza in quelli che potevano essere i suoi punti deboli, psichicamente e spiritualmente, ed acquisisce maggiore forza spirituale. Questo è la guarigione: una crescita globale dell'essere umano.

Capitolo 9

Tieniti fuori dalla giungla

Non ha senso dunque pensare ad una guarigione che si limiti solo al corpo, senza passare per un processo di commutazione profonda, di inversione di campo, da negativo in positivo, una inversione non solo psichica, ma direi proprio spirituale, un vero processo di maturazione. Non ha senso pensare ad una guarigione propinata da qualche agente fisico o anche naturale, senza che la persona maturi dal di dentro questo decisivo "salto vibratorio" di energia e di coscienza, questo serio cambiamento spirituale, ancorchè fisico. A cosa vale

cambiare un corpo se non si è prima intervenuti sulla mente e sull'anima?
La sofferenza difatti viene sempre dall'anima, sia pure fomentata da tutti quei fattori dei quali abbiamo parlato finora. E' nell'anima il buco, la voragine, ed a ruota nella mente, che non supporta l'essere della giusta energia. La lacuna alla fine è sempre una carenza di energia, poiché è l'energia quella che sostiene ed alimenta tutti i processi evolutivi della coscienza, tutte le soluzioni, tutto il progresso ed il benessere della nostra persona, il pensiero positivo e vincente, a tutti gli svariati livelli di noi.
Senza energia non v'è pensiero, poiché lo stesso pensiero è energia. Meno energia, meno pensiero, meno positività, meno forza, meno intuizione, meno soluzioni, meno creatività, meno salute, meno tutto. Comprendi?
L'energia è la chiave, ad ogni livello della tua esistenza.

Quanto valore ha dunque questa cultura della nostra energia mentale? Un valore centrale nella nostra vita. E a te? A te chi ha insegnato come gestire la tua energia? Chi? Questa società dell'ignoranza? Questa attuale scuola dell'obbligo?

Cosa insegna questa società? Forse ti insegna un mestiere, per poter poi diventare uno "schiavo del lavoro". Ma non ti insegna la libertà vera che è in te, né la via per raggiungerla; non ti insegna nulla della mente, la tua mente, che viene barattata tuttora per il cervello.

No, la mente non è il cervello. La mente è un'energia incorporea e quindi ultrasottile, che si serve del cervello per le funzioni mentali corporee. Ma essa va oltre il corpo, e si può muovere e gestire al di là della sola sfera corporea. Se tu impari come fare, la tua mente si sposta in altre dimensioni, e questo al di là del corpo. Quindi la mente non è un fatto corporeo.

Un mistero? Beh, siamo avvolti dal mistero, se è per questo! Ma siamo qui anche per scoprilo, e per impadronircene.

Noi dobbiamo imparare a gestire la nostra energia mentale, a farne un campo di alto livello e di alto rendimento, onde poter ricavare da esso le cose più importanti ed utili per noi, e per gli altri. Non è solo delle cose fisiche che dobbiamo occuparci, ma soprattutto delle cose sottili che si sottendono ad esse, che le animano, che le muovono come fili invisibili. Dobbiamo occuparci del nostro mondo sottile profondo, ancor prima di quello grossolano della nostra vita materiale. Questo è completezza.

Né è sufficiente pensare di "nutrire lo spirito" con qualche risicata preghierina, o con qualche rito religioso della domenica, giusto per sentirsi in pace con se stessi, ritenendo così di aver dato allo spirito quel che è dello spirito! Quando poi non abbiamo nutrito proprio un bel niente! Non bastano quattro riti saltuari, e tanto più formali, per arricchire il tuo campo di forza mentale. Occorre piuttosto una pratica seria e costante, un vero impegno con te stesso, come lo assumi nei confronti di quelle cose cui attribuisci tanta importanza nella tua vita, e che poi alla fine quasi sempre ti deluderanno. Questa pratica la chiamiamo Auto-sviluppo Mentale.

Sicchè gli eventi della nostra vita appaiono spesso come fatti casuali, ed essenzialmente materiali, mentre se vai poi a ben guardare nel fondo di essi, sono sempre mossi da fili sottili, da una volontà superiore che decide, e questo sempre in sintonia con quelli che sono i nostri equilibri in atto di coscienza e di energia. Gli eventi si muovono esattamene sulla base di ciò che tu sei adesso, ed inconsapevolmente sei proprio tu a richiamarli, anche senza volerlo. Ma non sono mai dei fatti casuali.

V'è sempre una volontà che li muove, della quale tu dovrai imparare a diventare consapevolmente co-partecipe. Tu devi imparare a muovere i tuoi eventi, a non esserne più estraneo e solo spettatore, quasi che essi ti piovano dal cielo senza che tu possa fare qualcosa per cambiarne il corso, o per generarne di migliori, anzi proprio di tuo piacimento. Quali cose tu non puoi fare? Tuttavia devi conoscerne il segreto, sapere come si fa per evocarle.

Nell'arte dell'Autosviluppo Mentale tu impari allora ad entrare in sintonia con le energie cosmiche della mente, alle quali la mente si collega, ed a gestirle, ad accrescerle, come faresti con un terreno che coltivi, che nutri, e che curi con amore.

Non c'è mediamente, in questa società, questo tipo di cultura della mente. Ci si preoccupa quasi sempre delle cose materiali e basta. Ma non che esse siano sbagliate; tuttavia se tu non possiedi le chiavi che aprono le varie porte, come puoi pensare poi di aprire quelle che a te servono?

Se molte cose nella vita della gente vanno male è proprio perché essa si preoccupa di tutto tranne che di capire come deve rapportarsi alla propria realtà, di capire quale nesso vi sia tra la propria realtà mentale e quella materiale, quali sono i fattori attraverso i quali può interagire con la sua realtà in modo costruttivo e pre-determinato. Noi dobbiamo arrivare ad imporre alla nostra realtà quello che noi vogliamo. Ma per arrivare a fare questo, dobbiamo prima noi imparare a soggiacere ad essa, imparando il silenzio, l'umiltà, la pazienza, l'onestà, la fede, l'amore.

Dobbiamo imparare anzitutto a comportarci in modo retto, e ad essere persone cosmiche, solidali con tutto ciò che ci circonda, riconoscendo che anche l'altro da noi è noi stessi, raggiungendo intanto la visione dell'unità di tutte le cose nelle quali siamo immersi. Se continuiamo a viverci come frammentazione, tu qua ed io là, tu contro di me o viceversa, partiamo già col piede sbagliato.

Quando tu recuperi il senso dell'unità del Tutto, di tutte le cose, già ti poni in modo costruttivo. Tutto ciò che fai, tendi a farlo in modo costruttivo, poiché non remi mai contro qualcosa o qualcuno. Ecco, questo è il primo punto. Poi, al secondo punto, devi imparare a sviluppare la tua mente e la tua energia consapevolmente, con tecnica, aumentare il tuo campo di energia, e questo è il bene più prezioso che tu possa avere. Potrà generare alla fine per te tutto quello che desideri.

Come terzo punto, ripulisci poi il tuo karma (debito accumulato) dalle tue azioni negative, cercando di fare opere di bene, donando il più possibile. Aiutare gli altri è il miglior modo per ripulire il karma, ancor più che fare pratiche di rinuncia, come il digiuno o le astinenze. Tutto quello che dai all'altro ti verrà presto restituito, e con lauti interessi. Poiché è così che funziona la legge di causa ed effetto. La via del dare, dell'amore, della solidarietà è la più alta. Non potrai mai sbagliare: in essa sarai sempre vincente.

E non fare anche tu come fanno in tanti, che sanno solo lamentarsi dei torti subiti, e sanno solo odiare ed emarginare, se non proprio reagire a ruota (occhio per occhio, dente per dente). Poiché è sempre facile lamentarsi di quello che si è subito, o di quello che non si è ricevuto, ma è assai più difficile perdonare e dare sempre e comunque, anche a colui che ti ha danneggiato.

E allora, vuoi il massimo della ricetta vincente? Ebbene non avere più nemici! Nessuno.

Non devi avere nemici, per parte tua intendo. Non dovrai più vedere nemici intorno a te, ma solo amici, anche quelli che non si comportano affatto bene! E' affar loro se non si comportano troppo bene, un affare della loro coscienza, un nodo karmico che

starà a loro dover sciogliere nel tempo, se non puntualmente subire. Ma non è affar tuo. E' un loro problema ciò che fanno, come lo fanno, perché lo fanno. Anche se a te danneggia. Poiché ciò che a te oggi tolgono, se ti mantieni in questa posizione di pace, di accoglienza e di amore (comprensione), ti verrà automaticamente restituito dalla Legge, prima o poi. La quale opera così. Ma devi restare saldo nella Legge, "pulito", affinchè essa operi un ritorno in tuo favore. Mentre se cadi nella provocazione "ti sporchi", e ne subisci poi le conseguenze: allora al danno ci becchi da sopra anche la beffa!
Per quanto ti riguarda, dunque, non avere più nemici. E la vita ti sorriderà, a 360 gradi. Ed anche se qualcuno ti attaccherà, sorridi. Poiché è lui che va contro legge, non tu. Tu sorridi sempre, e resta al tuo posto! Anche se arrivano a sputarti in faccia.
E cammina sul fango della gente. Poiché ne vedrai tanto. Ma tu intanto volerai, mentre

loro continueranno spesso ad annaspare, attanagliati dalle loro stesse bassezze di ideali, di principi, di pensiero e di comportamento. Ed essi continueranno ad accampare le loro ragioni, fermi nelle loro false convinzioni, nelle loro illusioni materiali, mentre la vita inizierà presto, se non continuerà, a dargli solo torto!

Mentre per te il dolore non ci sarà più, staccato dalle paludi psichiche del materialismo, ed innalzato nel tuo mondo di pace, di amore e di bellezza. Di libertà. Ed ogni cosa che "ordinerai" alla tua vita ti giungerà intanto immediatamente. A comando. Questa è la ricetta per essere vincente, amico mio. Forse dura da conquistare, ma fondamentalmente semplice, quanto efficace.

Nel mondo dei "dritti" e dei "fessi", sii anche tu dunque, amico mio, uno di questi fessi, non di quelli che fanno a gara per mettersi in mostra, per ostentare cose che poi nemmeno hanno, ma di chi preferisce quasi mostrare il lato più tranquillo, quasi di un agnello, mite, mansueto, disponibile con tutti, serbando nel segreto invece la forza di un leone. Non ostentare nulla: si ritorcerebbe solo contro di te! E non raccontare i tuoi segreti: si ritorcerebbe solo contro di te!

Non badare poi a ciò che dice di te la gente. Essa non ha potere su di te. Bada solo a quello che ti detta il cuore, bada solo a restare in sintonia totale con la Legge. Quello conta.

In questo mondo della "giungla", difatti, viene considerato un "fesso" chi non sappia difendere il proprio territorio con le unghie e con i denti, se non proprio chi non sappia approfittare di situazioni in danno di altri; ma non è tale la via della Legge. Questo è un principio da giungla, da animali, e ti dirò di più, neanche gli animali giungono alle bassezze alle quali riescono a giungere talvolta gli uomini, che non badano solo a difendersi, ma spesso e volentieri offendono, aggrediscono o ancora derubano, uccidono anche solo per odio. Qual è il vero animale, alla fine?

Capitolo 10

Spezziamo le catene della morte

Allo stato attuale delle nostre conoscenze e possibilità, quando parliamo di terapia medica, non possiamo fare altro che pensare ad un tipo di intervento nel quale un'altra mente vicariante provveda intanto a generare un campo di energia compensatoria, di guarigione in favore del malato; un tale medico di futura generazione si preoccupa di convogliare poi l'energia prodotta all'interno del corpo del paziente, ed in particolare nell'eventuale organo bersaglio, in termini di carica vitale, utilizzando le proprie mani come veicolo.

Un metodo a tratti un po' rudimentale se vogliamo, ma pur sempre efficace.
Potremmo definire questa forma di intervento come Terapia Bio-Mentale. Da non scambiarsi per una forma di pranoterapia, ove l'energia radiante fluisce direttamente dalle mani del terapeuta, un soggetto che ne è dotato per un dono naturale, ma nella quale non viene attivata una azione mentale di sviluppo della energia. Si tratta di tutt'altro principio.
Quando il nostro medico genera mentalmente un campo di energia, invece, esso può venire incanalato nel paziente anche per vie differenti dalla sola via delle mani nel corpo, come ad esempio per la via della parola. Non dimentichiamo quale importanza abbia il processo di riconversione psichica nel paziente del campo di negatività, ovvero patogeno, in un campo di salute, cioè di guarigione. Questo processo può venire innescato attraverso la parola. Il terapeuta guida nel paziente,

attraverso la parola, questo processo di riconversione terapeutica della sua negatività psichica in positività correttiva. Siamo davanti ad una sorta di "rieducazione" dell'inconscio mentale psichico in un migliore e più corretto comportamento con se stessi, ad una commutazione della sofferenza in gioia ed in salute. Un'autoguarigione.

Il campo di forza generato dal medico è in grado di portare a tutto questo, quando per l'appunto venga fruttuosamente incanalato nel paziente, e non solo per la via delle mani. Il comportamento di malattia viene commutato insomma in un comportamento di salute. L'energia generata prende dunque la via del corpo da un lato e della psiche dall'altro. Sarebbe un po' come accoppiare ad un trattamento bio-energetico una psicoterapia profonda nel contempo. Il segreto, tuttavia, sta nel fatto che è un unico e solo campo di energia quello che illumina ambedue le vie, con la medesima forza, nella stessa persona e con lo stesso medico. Una sommazione di effetti, una sinergia di non trascurabile portata.

In casi più rari il trattamento verbale assume tutte le connotazioni di una forma di regressione ipnotica, e questo quando vi siano i presupposti per un qualche trauma del passato che agisca tuttora nel presente psichico del soggetto. Ciò che fa terapia comunque, alla fine, è sempre la commutazione della sofferenza in gioia, un processo nel quale il paziente riesce a trovare nuove ed efficaci risorse di energia psichica e mentale, per illuminare i punti oscuri di se stesso, rafforzare la personalità, gestire in modo positivo le proprie situazioni di vita, trovare soluzioni vere che non siano più la malattia e l'autodistruzione.

Guarire dunque è sempre cambiare, crescere, evolversi. Non ultimo, come già detto, a livello spiritale o ultrasottile, o super-cosciente, ove la persona deve poter trovare equilibri di coscienza superiori, nei quali andare ad inscrivere ora i suoi vissuti, in una visione decisamente più alta e luminosa, funzionale cioè ad un progetto di scuola di vita, e di apprendimento. Tutto questo è la guarigione. La trasformazione di un equilibrio precario e di sofferenza in un equilibrio di apprendimento e di vantaggio esistenziale, per sé o per altri.

Quando il paziente ha maturato un tale stato, è guarito. E la malattia non si ripresenta più. Poiché lui è cambiato. Non come accade in tanti casi di falsa guarigione, specie con i farmaci, che per quanto riparino qualche falla nel muro del corpo, non hanno poi riparato le vere falle dell'anima e della mente del soggetto. Non a caso tante forme di malattia recidivano, o addirittura cambiano forma, presentandosi nel tempo sotto una veste clinica diversa. Si dice in tali casi trattarsi di tutt'altra realtà clinica, mentre il male è invece ancora quello, che continua a vivere dentro al paziente e cambia solo la sua manifestazione fisica. Poiché il male è nell'anima, e nella mente, mai solo nel corpo.

E tale è la cecità della medicina antica di sistema. Una medicina organicista e cieca. Materialista insomma, e poco spirituale. L'uomo viene ridotto solo ad una macchina fisica. Ma può bastare?

E' auspicabile, piuttosto, che in una prospettiva futura diventi possibile anche per noi terrestri ricavare energie quantiche da disgregazione nucleare, intanto in modo dolce e non violento, non rischioso come avviene oggi, e che imparando a fare interagire la mente umana con tale potente risorsa di energia, diventi possibile pilotare con la mente direttamente nel corpo del malato radiazioni di luce. Gli effetti di una tale Medicina Quantico-Mentale sarebbero certamente più eclatanti.

Una energia-luce, difatti, potrebbe andare a rivitalizzare e trasformare le cellule malate direttamente nei tessuti del corpo, e potrebbe facilmente con la sua potenza riprogrammarne il DNA, generando cloni di cellule sane e perfettamente funzionanti, con una facilità estrema. Si assisterebbe allora a rigenerazioni insperate, al momento insospettabili, e compiute ad una velocità altrettanto impressionante, miracolosa diremmo noi oggi. Facilmente fibre nervose interrotte potrebbero rigenerarsi, e riprendere a condurre gli impulsi nervosi; le paralisi guarirebbero, i ciechi vedrebbero e gli storpi cammirerebbero.

Tutto quello che in un'ottica razionale umana potrebbe oggi essere considerato "miracolo", diverrebbe una scienza normale, di tutti i giorni. E' la futuribile Scienza Quantico-Mentale, della quale avanziamo una ipotesi da qualche tempo, e che auspichiamo possa al più presto diventare appannaggio anche delle nostre possibilità terrestri.

Le energie quantiche, mentalmente pilotate, fungono come una sorta di bisturi invisibile, che penetra nei tessuti e può fare di tutto, asportare materiale morto, rigenerare cellule ancora vive, creare altri cloni di cellule funzionanti. Si tratta di una sorta di "microchirurgia della energia-luce". Una frattura ossea potrebbe essere consolidata in pochi istanti, un fegato cirrotico rigenerato in poche ore, un tumore del cervello eliminato in pochi minuti. E, con analoga facilità, anche l'orologio biologico del corpo potrebbe essere riprogrammato, abbattendo il decadimento fisico. Non vi sarebbe più decadimento fisico. Non più invecchiamento.

Un essere di quattrocento anni ne mostrerebbe sì e no trenta. Poiché l'età rimane come congelata, non avanza nell'orologio biologico. Quella funzione viene cristallizzata, praticamente annullata, poiché non solo non più necessaria, ma addirittura distruttiva. Mentre nell'essere non v'è più dualismo, scontro tra due

polarità, né auto-distruzione. E la stessa morte diventerebbe un optional!
Si muore solo per scelta, o per missione. Altrimenti non si muore. La morte non costituisce più un trauma, né uno spauracchio per nessuno. Non v'è più morte. Tutt'al più cambiamento di stato. Io scelgo di passare allo stato spirituale puro, per andarmi ad incarnare in qualche altra dimensione, magari anche inferiore, ma in questo caso per missione. Ma quando tu sei in una dimensione superiore, dove puoi vivere perennemente anche con tutto il corpo fisico (di densità proporzionata, ovviamente), e dove non c'è più dualismo e sofferenza, e non c'è più morte, tu puoi decidere consapevolmente di trasformare eventualmente il tuo stato in un altro. E come a te pare, peraltro. Poiché sei totalmente padrone della tua mente e del tuo corpo.

Non come noi uomini, che subiamo di tutto e poi ci diciamo liberi! Ma di quale libertà parla l'uomo?

L'uomo è ingabbiato in una trappola infernale, che lo conduce lentamente ed inesorabilmente al decadimento, alla sofferenza ed alla morte, e poi parla di libero arbitrio? Ma di quali filosofie si nutre questo essere detto uomo? Di quali congetture, teologie o fantasie?

Noi siamo incastonati in una sorta di automatismo meccanico (campi di forza) che guida da sé la nostra vita, e dove il nostro razionale fa più da spettatore, se non proprio da illuso. E dove le nostre uniche possibilità di liberazione e di progresso sono affidate ad una nostra attiva volontà di fare pulizia da tutte quelle tare psichiche profonde e negative che ci portiamo dentro, e che ci stanno tenendo come in una trappola!

L'uomo, in verità, non è libero mai! L'uomo è sempre prigioniero di qualcosa o di qualcuno!

E l'unica libertà se la conquista solo a patto di allargare seriamente il proprio orizzonte di coscienza, e di innalzare la propria vibrazione di energia quanto più possibile verso la luce. Con severo sforzo, con grande impegno di volontà, e con tecnica mentale. Solo in tal modo egli può guadagnare seriamente la via della vittoria sulla forza di tenebra, e sul dualismo. Solo allora, quando sia riuscito a diventare solo vibrazione di luce, l'uomo arriverebbe a spezzare le catene della morte.

Poiché tutto il suo DNA verrebbe automaticamente riprogrammato alla vita stabile, e permanente, il suo orologio biologico riprogrammato a non invecchiare più, ed egli non conoscerebbe più né sofferenza, né malattia, né decadimento fisico, né morte.

Impossibile tutto questo? E perché saremmo qui, allora? Per essere vittime predestinate di una morsa infernale che nel tempo abbiamo noi stessi contribuito ad aumentare, con la nostra cattiveria, e con tutte le vibrazioni di malvagità che stanno solo attanagliando la Terra, facendola soffrire? Poiché tu devi sapere che come una vibrazione di luce ti può rivitalizzare un organo o una persona, e tutta la sua vita, producendole un miracolo di bene, così una potente vibrazione di malvagità può dare vita ad eventi nefasti per la Terra, non ultimo anche a livello geofisico.

Non tutti i terremoti, come anche gli uragani hanno ad esempio solo e puramente una natura fisica, come l'ingenuità scientifica dell'uomo, sempre ferma alle sole dinamiche apparenti materiali, potrebbe essere facilmente tentata di pensare. No. Certi eventi catastrofici vengono anche evocati dalle vibrazioni malefiche emesse dagli stessi esseri umani (ultrasottile), di tutta una umanità che non conosce e non emana certo solo amore, ma tanto odio. Alla fine, queste forze d'inferno, contro di chi si ritorcono, secondo te?

Capitolo 11

Ordine o anarchia?

La forza mentale, sia essa positiva o negativa, agisce sempre allo stesso modo. Cambia solo l'intento, la direzione, la proiezione, l'obiettivo. Quando una setta "nera" si racchiude in cerchio ed opera contro l'umanità, o contro determinate cose o persone, genera certamente energie pericolose, che da qualche parte debbono andare in qualche modo a sfociare. Poiché la mente è potente, e può esserlo tanto nel bene quanto nel male.
All'occhio dello sprovveduto tutto questo non ha senso, poiché è un occhio

superficiale, che si ferma solo a quello che vede. Ma all'occhio profondo dell'uomo spirituale, o comunque avanzato nella vibrazione cosmica, tutto questo ha un perché. E vi sono forze, qui in Terra, che da tempo operano occultamente per la conquista del potere, se non proprio del pianeta. Non v'è solo amore nell'uomo, purtroppo. Ma più spesso, e sempre più spesso v'è egoismo, volontà di sopraffare l'altro uomo, di comandare, di soggiogare.

E molto spesso certi moti di pensiero sono sottesi e sostenuti da azione occulta, sotterranea, mentale sottile, da sette che operano per impadronirsi dei sistemi di comando del pianeta, ad un livello politico, militare, commerciale, religioso. Non tutto è solo quello che vedi, amico mio. Apri gli occhi!

Sei immerso in un tale campo oscuro, di cui puoi vedere gli effetti giusto da quello che ti raccontano in tv e sui giornali. Ma non ti diranno mai cosa c'è poi veramente dietro.

La parte esoterica v'è sempre stata. E non sempre è stata sana, altruistica, luminosa. Ma io ti dico: tutto ciò che lotta per sopraffare, per togliere all'altro, per danneggiare, non è mai in sintonia con la Legge Universale. E proprio per questo non è eterno, non ha mai vita lunga!

Non v'è eternità in una vibrazione di morte. Essa è destinata prima o poi a scomparire.

Pertanto tutti coloro che si muovono nella tenebra sono solo degli illusi. Dei perdenti. Ed io ti dico che questo pianeta ha ormai le ore segnate, proprio per causa di tanta malvagità, che non ultimo ha finito col violentare persino l'ecologia ambientale, aggiungendo danno a danno. La Terra, ecologicamente e geo-fisicamente, sta soffrendo, è ormai un essere malato. E la colpa è dell'uomo, che non l'ha rispettata, ma l'ha violentata, la sta uccidendo con l'odio e col non-rispetto.

Quando odiamo i nostri simili, stiamo facendo un danno a noi stessi. Ci stiamo

scavando la fossa con le nostre stesse mani.
Ed ora la Terra ci presenta il conto.

L'asse terrestre si sta pericolosamente inclinando, la temperatura della Terra sta aumentando insidiosamente, tutto l'ecosistema (effetto-serra e quant'altro) è in serio pericolo (scioglimento dei ghiacciai, rischio-valanghe, ecc.). Adesso cosa accadrà? Chi ci trarrà in salvo dalla catastrofe? Coloro che ci hanno traghettati in queste condizioni per un profitto personale (disboscamenti, costruzioni abusive, ecc.)?

Dunque la natura è stata violentata, l'armonia spirituale dell'uomo e dell'ambiente è stata violentata, e la Terra ora ci presenta il conto. Alluvioni, terremoti frequenti, tsunami, uragani di intensità inquietante sono solo alcuni dei segni di un disquilibrio ormai abbastanza palese. E poi? Dove si arriverà fra un po'? Chi ci salverà dalla catastrofe ambientale, coloro che con i loro soldi, conquistati sul sangue della gente, si sono già preoccupati di scavare bunker sotterranei, per essere i primi poi a salvarsi?

In verità costoro non si salveranno, anzi saranno paradossalmente essi proprio i primi a perire. Perché tale è la Legge. E la legge del cosmo non è la legge dell'uomo: essa non fa sconti a nessuno!

Chi salverà dunque la Terra? Chi salverà l'uomo?

Qui non si tratta di voler fare del catastrofismo, amico mio, poiché preferiremmo certo raccontare di tutt'altre cose, ma di guardare in faccia una realtà. Perché si assiste, ad esempio, a questo aggravarsi di nervosismo, di cattiveria e ti atti violenti nel mondo? Perché ogni tanto qualcuno compie stragi nel nome del bene o di una presunta pulizia etnica, o qualcuno le compie nel nome di una "giusta causa" religiosa? Pare che ogni buona ragione sia diventata ottimo pretesto per sterminare qualcuno!

Perché l'odio ha il sopravvento? Perché si assiste ad una così massiccia quanto improvvisa ribellione di popoli ai loro "padroni"? Perché si assiste alle nefandezze più impensate, come quelle di bimbi gettati nel fiume o nella spazzatura da parte dei genitori, o di figli che uccidono i genitori, e roba del genere, magari per molto poco? Qual è la vera ragione di tanto male dilagante?

Qualcuno dice che tutto questo proviene da una inevitabile forza di rinnovamento. Ma io ti dico che il rinnovamento è un fatto di luce, non di tenebra, e non deve mai portare a frutti di questo tipo. No, amico mio. Questi sono frutti di malvagità, di una forza oscura che sta operando una orribile quanto occulta pressione psichica sulle masse, sulla gente, spingendo all'anarchia, alla ribellione, ed al massacro, magari nel nome di una qualche causa "giusta". Una forza che cerca sovversione per potersi impadronire della Terra, e farne la sua colonia personale.

E tu non puoi sapere quali forze oscure sono attualmente in gioco (vedi ad esempio entità extraterrestri non propriamente di luce, che cercano di assoggettare il pianeta per scopi personali, qualche volta con la complicità di governi interessati alle loro alchimie tecnologiche).

Ora, la causa giusta di ribellione qui potrà anche esserci, specie verso i sistemi più obsoleti ed impositivi di governo. Ma qui tutto diventa poi solo pretesto, per gettare scompiglio, disordine e morte. Indubbiamente non mancano in questa società i motivi per una ribellione, per un rinnovamento. Ci mancherebbe altro. È una società da rifondare, certamente. E' una società malata nei suoi principi fondanti, che sono rimasti troppo antichi ed inadatti ai tempi, ed anche male espressi, inadatti alla evoluzione tecnologica di oggi, che ultimamente è risultata molto celere.

Non puoi più propinare all'uomo d'oggi modelli che potevano andare bene un tempo, quando imperava l'ignoranza, e l'impotenza tecnologica. Oggi, attraverso l'internet, tutti sanno e rapidamente anche cosa accade lontano dal proprio paese, anche quando una dittatura vorrebbe impedire di sapere, limitando i mezzi di comunicazione di massa a proprio uso e consumo.

Le basi di certa ribellione possono essere anche giuste, dunque. Poiché il sistema è obsoleto, e per sistema intendo le modalità di governo, e non solo politico ma anche religioso, commerciale e militare, ma anche le concezioni sociali. Qui non è in discussione la giusta ribellione. Qui è in discussione un chiaro predominare della malvagità nelle sue varie forme di espressione, quando anche una causa giusta vuol diventare pretesto per devastare, uccidere. Tutto ciò che è anarchia è sempre l'opposto di ordine. E ciò che non è ordine è caos, disarmonia, morte.

Nell'universo regna invece l'ordine, non il caos o l'anarchia. Vorrei proprio vedere quegli uomini che parlano di anarchia come si spaventerebbero o quanto troverebbero piacevole sapere che la Terra se ne stia per andare a sua volta tutta in anarchia, per lasciarli definitivamente col culo per terra! Perché se anarchia è lasciare che regni la confusione, solo per sguazzarci dentro a proprio comodo, e trarci un qualche profitto, questo diventa socialmente solo disonestà! O infingardaggine.

Non è coscienza sociale questa, né tanto meno planetaria. Poiché se tutti facciamo parte di uno stesso corpo sociale, tutti siamo una parte di esso, tutti abbiamo il diritto di ricevere le medesime attenzioni da quel corpo che ci nutre, ma altrettanto tutti dobbiamo preoccuparci di dare a nostra volta nutrimento a quel terreno padre comune. Cosa vorrebbe essere allora l'anarchia?

Una forma di irresponsabilità! E se permetti anche di immaturità.

Troppo facile ed infantile pretendere di trovare le cose già fatte, solo lamentarsi, peggio ancora sfasciare, e non fare nulla invece per costruire con le nostre mani, con l'impegno, col nostro lavoro, la volontà, l'abnegazione, ed anche il sacrificio. Altrimenti tanta gente che ha fatto la nostra storia, dando anche la vita per alti e giusti ideali, sia pure antichi, cosa sarebbe stata? Solo una masnada di imbecilli?

Pensare solo a ciò che fa comodo a noi, perdendo di vista la nostra comune appartenenza allo stesso tessuto sociale, non è responsabile, non è maturo. Non è adulto. Ma è solo un infantile discorso di comodo, un discorso egoistico, un mancare di una vera coscienza sociale. Dunque anarchia che cosa è? Una presa per i fondelli bella e buona, un ottimo pretesto per fare ciò che si vuole, per non rispettare niente e nessuno. E per non costruire niente!

Poi, però, si pretenderebbe di essere comunque rispettati!

Ma non è così che funziona.
Nell'universo, amico mio, ogni cosa ha un compito, una funzione, ed esistono gerarchie di funzionamento e di governo ben precise. Altro che storie! E qui non parliamo solo di quel miserabile pulviscolo del cosmo da noi chiamato Terra. Parliamo di galassie intere, ove vivono esseri certo molto più evoluti di noi, che hanno una sviluppatissima coscienza sociale. E presso i quali rispetto è anzitutto ordine, ma non in senso impositivo, dittatoriale, ma di autocoscienza. Ognuno sa quello che deve fare, intimamente, e non è necessario che altri glielo debbano imporre con le minacce ed i rigori di una legge. E' un fatto di coscienza individuale, ancorchè collettiva.
Non come qui, dove ci si preoccupa di non infrangere determinate leggi solo per non subirne le sanzioni sulla nostra pelle, e non certo per il danno che comporteremmo all'altro!

Dunque chi deve governare un pianeta governi un pianeta, chi deve governare una galassia governi una galassia. E' una questione di dominio di realtà, di autorità e quindi di comando. Di consapevolezza.

Ed il concetto di comando non va qui inteso nella peggiore umana accezione. Non vi sono schiavi in quei mondi superiori, né sudditi. Un governatore galattico esprime intanto il massimo della sensibilità e del rispetto per tutte le popolazioni che abitano le stelle ed i pianeti di quella galassia. Egli non è un dittatore. Ha piuttosto una responsabilità di guida e di decisione per le varie esigenze di quella giurisdizione del cosmo che guida, di quella comunità. Ma c'è un ordine, una gerarchia. Non esiste il caos, nè tanto meno "io faccio quello che mi pare"!

Tu potrai fare quello che vuoi del tuo, ma solo a patto di rispettare delle regole di convivenza comune. Ed anzi, a quei livelli, la libertà è assicurata ed è assai maggiore di quella che noi abbiamo qui. Perché si fonda sul rispetto dell'altro e di tutti, un rispetto intimamente sentito, non subito per una imposizione, né per paura del castigo.

Ed a quel livello di libertà v'è molto più potere. Per cui io posso comandare all'energia di generare una cosa che mi piace o che desidero, ed essa mi obbedisce, mettendomela davanti agli occhi in pochi istanti. Non ho nemmeno bisogno di andarmela a comprare! Né tantomeno di rubarla a qualcun altro! Posso averla come e quando voglio. Non è forse questa libertà? Non è forse questo potere? Non è forse questa quella bacchetta magica che noi tutti qui forse sogneremmo?

Bene, loro ce l'hanno. Ma è un altro mondo. Intanto più pulito. Poiché non c'è potere vero ove non ci sia una tale pulizia morale.

Dove stanno queste cose qui? Qui da noi, nel mondo della ignoranza, dell'incoscienza e della disonestà, quando non si riesca a procurarsi denaro o beni materiali in modo lecito, viste le indicibili difficoltà anche di reperire un misero lavoro, quand'anche si sia animati da ottime intenzioni, ecco che si ricorre alla maniera illecita, alla malavita, al furto, alla rapina, pur di sopravvivere. Cos'è la criminalità, difatti? E' una espressione di anarchia, ma anche una ribellione, un tentativo malriuscito di compensare in via illecita quello che lo Stato non riesce a fare e garantire alla gente per via lecita. E' un vero e proprio modo di affermare: io non riconosco questo tipo di governo: allora il governo sono io!

E v'è un fondo di verità, tutto sommato, dietro ad una simile protesta! Ma se tutti poi ragionassimo così? Questo sarebbe "progresso"?

Che società è una società che si fondi sul caos? O sulla prepotenza? Perché tu esci da un tipo di prepotenza (politica), per andare a ficcarti in pratica in un altro tipo di prepotenza (mafiosa). Preferiremmo una riedizione del far west? Lo vedremmo un fatto moderno, un fatto evolutivo?

Capitolo 12

L'ora della verità

Una società evoluta si fonda dunque sull'auto-coscienza, sul sapere ognuno da sé quello che deve fare, senza che nessuno debba dirglielo e tanto meno imporglielo. Governare, a quel livello, non è imporre, ma svolgere funzioni di guida, di vigilanza, di assistenza e di supporto nei confronti di una società, solo di rado una funzione di polizia, e tanto meno militare, concetto che presso una civiltà evoluta perde sempre più significato. Poiché l'attentato alla pace ed alla libertà può giungere solo, a quel punto, da qualche civiltà di minore evoluzione, quasi sempre esterna a quel mondo, e che viva nel circondario di quel tratto di cosmo. Ecco allora la funzione militare: per non restare sprovveduti di fronte ad una possibile aggressione esterna.

I popoli di evoluzione inferiore, difatti, si vivono sempre come furbi e come predatori, come prepotenti. Poiché è nel loro DNA la predazione, l'incapacità di concepire una vita di autonoma produttività e di quiete, di rispetto e di auto-soddisfazione. Ciò che non riescono a produrre con le loro ridotte risorse, cercano di depredarlo da altri che ne siano più dotati. E puntualmente questi popoli pensano alla forza, ed a soggiogare altri, per farne un loro dominio. Come sempre è accaduto, ed ancora accade qui da noi in Terra, ad esempio, dove l'evoluzione è per l'appunto quella che è. E ne vediamo gli effetti tutti i giorni, sotto ai nostri occhi.

Una civiltà evoluta è una civiltà autosufficiente, ed in pace con se stessa, che non ha bisogno di fare queste cose in danno di altri, per avere ciò di cui ha bisogno, e per godere benessere e piacere. Una civiltà della gioia, insomma. Poiché la gioia sta proprio nella più alta energia mentale che noi possiamo raggiungere e produrre, non sta nelle cose, che sono solo un mezzo per un fine, non il fine in sé. Mentre noi uomini cerchiamo la gioia nelle cose, nel denaro, vero strumento satanico creato a posta dalle forze oscure per generare involuzione, caos, sofferenza, malattia, morte. Il denaro è il loro principale strumento di seduzione.

Non v'è cosa più perversa del denaro. Perchè il denaro, poi? Perché dover pagare per avere cose di cui si ha bisogno, o cui si ha proprio diritto, quanto meno quelle di più stretta necessità?

Chi ha creato il denaro ha seminato scompiglio presso l'umanità, creando le migliori premesse per la guerra e la morte. E quanta gente ha ucciso per denaro, e quanta gente ancora adesso uccide per denaro? E perché tanti, poi, devono soffrire perché meno ricchi rispetto ad altri?

Questa è una società perversa, una società razzista e spietata, che affossa il più debole, fatta su misura per vivere una sperequazione tra l'uno e l'altro e creare discriminazione e competizione, odio, fatta su misura per mettere proprio gli uni contro gli altri. E solo una mente perversa può dare vita ad un simile progetto.

Puoi capire dunque, amico mio, da dove proviene tutto questo, e quale progetto serve. Lo stesso progetto che sta mandando alla rovina un pianeta.

Poiché è una società della materia, del materialismo, dell'avere e non dell'essere, quindi dell'egoismo e di tutto ciò che ne deriva. Una società evoluta, invece, dev'essere una società dell'essere. Cosa sei tu? Cosa vali? Tanto meriti e tanto ti remunera la tua società.

In una tale società ha di più chi più è, e può di più chi più è. Giusto l'opposto di ora, dove vale di più e gode di più chi più ha, anche se poi è un criminale!

E che cosa si deve essere? Saggi, innanzitutto e ricchi dentro; la ricchezza materiale ne diventa solo una ovvia conseguenza. Del sapere, della libertà e del potere, come diciamo dall'inizio.

I saggi governano il pianeta, come anche ciascuna locale società, non i furfanti e i disonesti, come accade oggi. Ed i saggi sono ovviamente proprio i più alti e meritevoli della società, un vero esempio per tutti peraltro. Pertanto sono degni di essere anche i più ricchi sul piano materiale, per quanto ad essi importi, in fondo. Tutti allora fanno la corsa alla ricchezza interiore, per poterne godere poi su tutti i fronti, materiale, morale e quant'altro, non ultimo del riconoscimento pubblico del merito, che serve anche da modello per tutti. Le tue possibilità materiali saliranno in proporzione al tuo merito.

In una tale società del merito, peraltro, chiunque può avere le risorse di base. Nessuno soffrirà mai la fame, o mancherà dei beni di primario consumo. Non come accade ora sulla Terra, ove c'è chi muore per mancanza di cibo e c'è chi sciorina ville, aerei, panfili, estensioni di terreno, intere industrie e perché no, quasi dispone della vita della gente!
Parliamo solo del di più, qui. Più ricco sei dentro, più meriti hai, più ricco sarai anche fuori, non foss'altro che perché il tuo potere e la tua libertà saranno superiori. Il tuo dominio di realtà sarà dunque superiore a quello di altri, legalizzato, ma sempre in un contesto di convivenza pacifica e di rispetto, mai di scontro e di sopraffazione. Perché c'è possibilità per tutti, e dipende solo da ciascuno.
E dominio di realtà, lo ripetiamo, è solo ambito di comando su un determinato livello di realtà, a proprio vantaggio e magari anche a vantaggio di altri, mai a

svantaggio di qualcuno. E' tutta un'altra storia. E' un mondo che qui non si è ancora visto, e che chissà fra quanto si vedrà!

La felicità? Lì sta la felicità, in un equilibrio ove intanto delle cose quasi non sai nemmeno cosa fartene, tanto te ne sei sganciato mentalmente, e che poi puoi avere come e quando vuoi, ovviamente in proporzione al grado di coscienza e di potere e di libertà che sei riuscito a conquistarti. Lì dovremo arrivare.

Cosa devi fare allora? Concentra tutta la tua coscienza e tutta la tua energia innanzitutto nella luce; abbandonati ad essa e lasciati guidare da essa. Unisciti ad altri che siano slanciati verso lo stesso obiettivo di elevazione di coscienza e di energia. Costituisci o partecipa a gruppi di autosviluppo e di concentrazione mentale nella luce. Soprattutto affidati al maestro.

Fai sempre di tutto per essere di aiuto e mai di danno a nessuno, siano esse persone o cose, animali o elementi tutti dell'ambiente nel quale dimori. Pensa fortemente al bene del pianeta, ancorché a quello tuo personale. Lavora comunque al bene del pianeta, per quello che è nelle tue possibilità, dai il tuo contributo. La tua autorealizzazione personale passa per tutte queste cose.

Quando tu pensi al Tutto, il Tutto pensa a te. Inesorabilmente. E' bene che tu sappia che viviamo in un momento molto critico, nel quale la Terra è ormai ammalata, e va incontro a guai seri. Tieniti pronto pertanto. Non è uno scherzo questo. Grandi cataclismi si annunciano all'orizzonte, e l'uomo ormai non potrà farci molto. L'uomo ha rotto il giocattolo, ed ormai siamo in una via senza ritorno. Preferiremmo dire cose migliori, ovviamente. Ma questo ha saputo produrre l'uomo nel tempo, purtroppo.

Giorni bui dunque si annunciano all'orizzonte, e non è detto che siano poi così lontani. Chi avrà la fortuna di alzare le antenne della sua mente e della sua coscienza, di elevare le sue vibrazioni, potrà entrare in sintonia con le forze cosmiche amiche, già pronte a tenderci una mano. Nessun aiuto può giungerci dall'uomo. L'uomo è solo colui che ha rotto un delicato equilibrio naturale. Ed i giochi ormai sono fatti.

Solo le civiltà galattiche più evolute della nostra possono aiutarci in questa tremenda ora terminale, in questo orribile finale della Terra. Solo le dimensioni extraterrestri di luce possono venire in nostro soccorso, ma occorre che l'uomo finalmente la smetta di fare orecchie da mercante. Esse si mostrano nei nostri cieli ormai da tanto, e parlare di avvistamenti, di abduzioni e di rapimenti alieni ormai non fa più notizia. Con tanto di esagerazioni, peraltro.

Solo i governi hanno fatto orecchie da mercante, là ove l'uomo della strada ha più volte confidato le proprie esperienze fuori dal normale, personalmente vissute e spesso acclarate. Non possono essere tutte pazze decine di migliaia di persone, ma possono

essere in malafede piuttosto poche decine di persone al comando, interessate a nascondere i loro segreti militari, se non politici. Ma a difesa poi di cosa? Di un dominio territoriale (potere politico o militare, ecc.) che non viene neanche da loro?
L'uomo è solo un illuso.
Solo ciò che viene da Dio è solido ed interminabile, non ciò che viene dall'uomo. Cosa dovranno difendere costoro nel giorno del giudizio? Potrà bastare loro nascondersi nei loro ricchi bunker sotterranei, per sfuggire alla Legge del cosmo? Costoro hanno negato la Verità alle masse, unicamente per un loro interesse personale. Ora la Verità, che è Legge universale, gli presenterà il conto. Può soccombere un intero pianeta ai loro interessi personali? Sono forse loro i padroni della Terra, da poter decidere delle sorti degli altri? Si può forse fermare lo spirito, quando è sulle tue orme e non lo riesci neanche a vedere?

Come potranno i loro beni materiali fermare lo spirito?

Dovunque essi fuggiranno, verranno braccati ed imprigionati da catene invisibili, ma più potenti di quelle visibili. Sicché le masse verranno liberate, mentre i loro carcerieri verranno imprigionati.

Loro, i "potenti della terra", hanno voluto negare alle masse la verità dei loro incontri segreti con i rappresentanti di altri mondi. Hanno voluto negare i loro accordi segreti per potersi accaparrare tecnologia avanzata (retro-ingegneria extraterrestre), il tutto per scopi militari, commerciali e politici. Hanno preferito il silenzio e la negazione, hanno privilegiato l'interesse personale a quello del pianeta tutto. Ma hanno dimenticato che esiste Dio. Che è anche Legge.

E Dio è il grande regista dell'universo. Ed Egli, che ha creato tutto, ha già da tempo contemplato questo gran finale, ove la Terra viene violentata e messa a repentaglio dall'azione dei pochi, della loro avidità.

Sicché il Padre di tutte le cose ha già provveduto da tempo ad attivare le schiere dei suoi enti più evoluti, provenienti da altri mondi, di luce, esseri di alta evoluzione, capaci di muoversi da un punto all'altro dell'universo in tempi a noi incomprensibili. Vuoi chiamarli anche angeli se vuoi, o esseri celesti, o servi di Dio, o anche comandanti galattici. Fa lo stesso.
E' solo una questione di definizioni, di angolature dalle quali li vogliamo osservare.
Ed essi stanno arrivando. Questi pochi potenti della Terra hanno voluto fare orecchie da mercante, e negare alle masse ogni verità in loro possesso? Bene. Le forze di luce si stanno comunque muovendo verso il nostro pianeta, e sono pronte a sbarcare qui sul nostro suolo, fra non molto tempo, in modo ufficiale e massiccio, onde dare a tutti gli esseri umani, ignari e manipolati fino ad oggi, la possibilità di vedere con i loro occhi, di filmare con i loro video l'evento più straordinario di tutta la storia

della Terra, dacchè uomo ricordi: la discesa delle forze extraterrestri di luce, a noi amiche, sul nostro pianeta, per un incontro ufficiale quanto storico tra noi esseri umani e loro. Alla luce del sole, davanti a tutti, a migliaia di spettatori, senza più possibilità di dubbio.

In quel giorno quei potenti saranno definitivamente sconfessati. Tenteranno di sabotare questo evento con i loro mezzi bellici? Io ti dico: non potranno farlo! Non uno solo dei loro mezzi riuscirà in quel giorno benedetto neanche a camminare! Saranno disattivati ad uno ad uno dalle forze amiche dello spazio. E quei padroni, in quel giorno di grazia, saranno definitivamente denudati di tutta la loro spocchia. Cercheranno allora di scappare. Ma sarà troppo tardi.

L'uomo saprà dunque, apertamente e ufficialmente, della esistenza di questa enorme e meravigliosa realtà, di questi amici provenienti da altri mondi, pronti da tempo ad aiutarci ed ai quali solo i nostri governanti avevano impedito di soccorrerci. In quel giorno tutti sapranno qual è la verità.

E l'uomo medio della strada capirà, e sarà pronto ad un serio esame di coscienza, ad una rivisitazione seria della sua vita. Solo allora capirà a quale manipolazione era stato sottoposto, a quale gioco perverso aveva dovuto sottostare, a tutti i livelli, politico, commerciale, religioso, e via discorrendo. E guarderà definitivamente in faccia il plagio del mondo. E sarà pronto ad essere aiutato e soccorso dalle amiche forze galattiche, in vista dell'atteso quanto sconcertante giorno della catastrofe finale, purtroppo ormai annunciato.

Solo queste forze amiche potranno salvarci. Ci porteranno in massa sulle loro navi spaziali, assicurandoci la sopravvivenza. La Terra cadrà nel buio più totale, quasi che il sole si sia spento. Le acque inonderanno la terra e molte nazioni scompariranno per sempre. Terremoti ed uragani completeranno il quadro. Il pianeta non sarà più abitabile, ed anche il tempo si fermerà per un infinito istante, durante il quale il pianeta dovrà venire ripulito da ogni nefandezza vibratoria, e riportato alla sua purezza originaria.

E di quello scempio dell'uomo non rimarrà più traccia. E solo pochi sopravvivranno, coloro che avranno fino all'ultimo creduto e capito, che avranno saputo ravvedersi e ritrovarsi, ed in umiltà avranno saputo implorare la pietà del cielo. E la pietà ci sarà anche per i peggiori uomini, se sarà sincera. Chiunque può sbagliare, come chiunque può alla fine ravvedersi e pentirsi.

Quando il tempo avrà ripreso a camminare, ci restituirà un pianeta diverso, purificato, ritrovato. Per un nuovo inizio. Solo i sopravvissuti vi potranno fare ritorno. Per coloro che lo desidereranno, la vita potrà continuare altrimenti anche in altri mondi. Ma dovranno ascendere di vibrazione. Vi sono mondi di quarta e di quinta dimensione nell'universo, ma non possono essere abitati da esseri di terza, come noi.

Ma gli amici dello spazio sapranno guidarci in questa faticosa quanto salutare e redditizia scalata alla felicità. Poiché nella luce è la felicità, non nelle cose materiali.

E procura che anche tu possa essere tra coloro che faranno solo un grande e meraviglioso salto. Per costoro, finalmente, la morte non rappresenterà più l'incubo di tutti i tempi.

INDICE

CAP. 1
Siamo doppi _____ pag. 7

CAP. 2
Siamo energia e coscienza _____ 15

CAP. 3
L'unità di tutte le cose _____ 24

CAP. 4
La conquista delle dimensioni _____ 35

CAP. 5
Il potere del cerchio_____50

CAP. 6
La figura del maestro_____60

CAP. 7
La vittoria della vita sulla morte_____76

CAP. 8
Dinamica della malattia e
della guarigione_____86

CAP. 9
Tieniti fuori dalla giungla_____104

CAP. 10
Spezziamo le catene della morte_____117

CAP. 11
Ordine o anarchia?_____130

CAP. 12
L'ora della verità _____ 145

INDICE _____ 163

Printed by
Lulu Ed.
3101 Hillsborough Street
Raleigh, NC 27607
UNITED STATES
www.lulu.com

www.ingramcontent.com/pod-product-compliance
Lightning Source LLC
Chambersburg PA
CBHW060850170526
45158CB00001B/297